重温四时八节

CHONGWEN

SISHI-BAJIE

QINGMING

马 芳 / 主编

马 丙 / 绘

CNS PUBLISHING & MEDIA | 湖南美术出版社

全 国 百 佳 图 书 出 版 单 位

· 长沙 ·

天地清明皆因这天地间自由的风，

温风如酒，清香而明洁。

图书在版编目（CIP）数据

重温四时八节．清明 / 马芳主编．— 长沙：湖南美术出版社，
2022.8
ISBN 978-7-5356-8536-0

Ⅰ．①重… Ⅱ．①马… Ⅲ．①节日 — 风俗习惯 — 中国 Ⅳ．
①K892.1

中国版本图书馆 CIP 数据核字 (2018) 第 286648 号

重温四时八节·清明

出 版 人：黄 啸
主　　编：马 芳
编　　著：肖 丽 马 芳
绘　　者：马 丙
责任编辑：吴海恩
助理编辑：易明镜
责任校对：阳 微
整体设计：格局视觉 Gervision
出版发行：湖南美术出版社
（长沙市东二环一段 622 号）
印　　刷：永清县晔盛亚胶印有限公司
（河北省廊坊市永清县工业园区榕花路 3 号）
版　　次：2022 年 8 月第 1 版
印　　次：2022 年 8 月第 1 次印刷
开　　本：710mm ×1000mm　1 /16
印　　张：6.75
书　　号：ISBN 978-7-5356-8536-0
定　　价：29.80 元

邮购联系：0731-84787105　邮编：410016
网址：http：//www.arts-press.com
电子邮箱：market@arts-press.com
如有倒装、破损、少页等印装质量问题，请与印刷厂联系调换。
联系电话：0316-6658662

目录

contents

话说清明

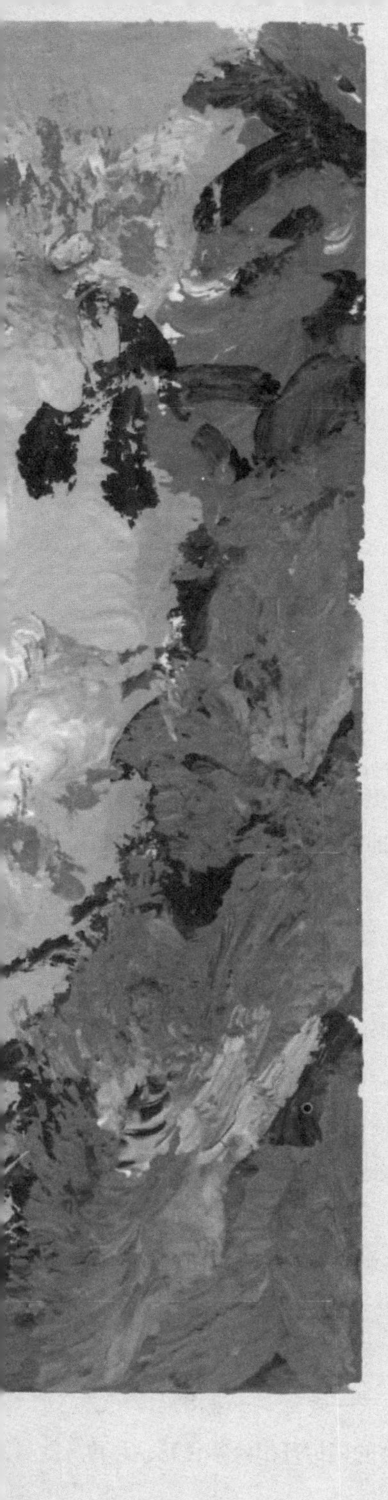

01

清明，光看字面，就有着“天清地明”的美好意境。

春日风光无限好，花红柳绿的日子，人们偏爱着三月里的清明。清明是踏着春的诗意来的，在杨柳青、梨花白、杏花红的背景下，清明是朗朗天地间的如烟细雨，是浅绿色雾气中的春水蜿蜒。

清明是农历二十四节气中的第五个节气，预示着春季的繁荣时节到了，此时太阳到达黄经 15 度的位置。清明的时间一般是在公历的 4 月 5 日；但其节期却很长，有“十日前八日后”及“十日前十日后”两种说法，这近二十天内均属清明节。

《月令七十二候集解》中也说：“三月节……物至此时，皆以洁齐而清明矣。”《岁时百问》中说：“万物生长，此时皆清洁而明净，故谓之清明。”《国语》曰：“时有八风。历独指清明风为三月节，此风属巽故也。万物齐乎巽，物至此时皆以洁齐而清明矣。”

清明，光看字面，就有着“天清地明”的美好意境。天地清明皆因这天地间自由的风，温风如酒，清香而明洁。清明风为巽，巽为绳直，故万物至此齐整清明。清明往往在寒食之后，“寒食春过半，花秾鸟复娇。从来禁火日，会接清明朝”。清明节后，“墙头风急数枝空”“满溪红片向东流”，该是惜春时节了。

中国传统文化中从清明起的 15 天内分出三候，每隔五天一候：“一候桐始华；二候田鼠化为鴽（音如）；三候虹始见。”清明时节，山坡上的桐树开出淡紫色花朵。再过五日，喜阴的田鼠不见了，全回到了地下的洞中。又过五日，在某些天气有彩虹出现。虹是阴阳交会之气，日照雨滴而虹生。

清明节是中国重要的传统节日，是重要的“八节”(农历新年、元宵、清明、端午、中元、中秋、冬至和除夕)之一。清明节与除夕、中元、寒衣三节并称中国传统节日中的四大祭祖节日。清明节不仅流传于汉族地区，壮、朝鲜、苗、侗、畲等少数民族地区也过清明节。

这个时候，我国大部分地区气候变暖，草木萌发，一扫冬日枯黄萧瑟的景象。江南农谚曰：“清明谷雨两相连，浸种耕田莫迟延。”对江南的农民来说，清明正是春耕春种的大好时节。唐代诗人杜牧在《清明》这首诗里描写过的纷纷细雨，就是这大忙时节的催化剂。其实，在那时的雨雾中，不仅应该有欲断魂的路上行人和迎风摇曳的酒店幌子，更应有在田间地头扶犁耕作和弯腰插秧的农人。

生活气息

清明节的起源，据传始于古代帝王将相“墓祭”之礼，后来民间亦竞相效仿，于此日祭祖扫墓，历代沿袭而成为中华民族一种固定的风俗。

在二千五百多年的流变历程中，清明节形成了一系列丰富有趣的节俗。家家户户要蒸好青团，或自食或互赠，要祭祖、扫墓，还要外出踏青、游园，举行荡秋千、蹴鞠、打马球、插柳等一系列活动。因此，这个节日中既有祭扫时怀念祖先的悲酸泪，又有踏青赏春游玩时的欢笑声，是一个含泪带笑、富有特色的节日。

由于中国广大地区都选择在这一天进行祭祖、扫墓、踏青等活动，清明节逐渐演变为在仲春与暮春之交，以扫墓、祭拜等形式为主来纪念祖先的一个中国传统节日。

祭祖与扫墓

墓祭○孝道

清明扫墓，是中华民族崇本尊亲、慎终追远之孝道的具体表现，已经成为相沿许久的习俗。各地的清明又各有不同之处。

现在我们所说的清明节，实际上是清明节气、上巳日（农历三月三）与寒食三个时节的组合，扫墓是清明前一两天即寒食节的内容。

清明节的起源，据传始于古代帝王将相“墓祭”之礼，后来民间亦竞相效仿，于此日祭祖扫墓，历代沿袭而成为中华民族一种固定的风俗。

三月里来是清明，桃红柳绿百草青。

别家坟上飘白纸，我家坟上冷清清。

这是民间广为流传的孟姜女寻夫时所唱的《十二月小曲》之一，凄凄婉婉，情景俱现，寄托着无限哀思和愁绪。

清明祭祖扫墓，这个习俗在中国起源甚早。早在西周时期，古人对墓葬就十分重视。东周战国时代《孟子》也曾提及一个为人所耻笑的齐国人，常到东郭坟墓前乞食祭墓的祭品，可见战国时代扫墓之风气十分盛行。最早，古人是“墓葬庙祭”，死后自然归于黄土，藏而不封不树，只在宗庙留一个牌位以供祭祀。“墓而不坟”就是说只打墓坑，不筑坟丘，所以祭扫就不见于典籍。到秦始皇才在墓侧加盖陵寝，汉代承袭之，祭扫之俗便有了依托，墓祭已成为不可或缺的礼俗活动。

古人认为人有“三魂六魄”，人死后会“魂飞魄散”——一魂上天，一魂入地，一魂在墓，在墓的魂魄须连续三年享受子孙的祭祀后方能上天或脱胎转世。所以父母去世，儿子要在坟墓旁边搭建一间草庐守丧三年。当官的人三年不去上任做官倒也无妨，一般的普通百姓守庐三年怕是会连饭都吃不上，所以实施起来很有困难。久而久之，守庐的习俗就变成了扫墓。

《汉书·严延年传》载，严氏即使离京千里，也要在清明“还归东海扫墓地”。从中国人祖先崇拜和亲族意识的角度来看，严延年的举动完全合情合理。因此后世把上古没有纳入规范的墓祭也归入五礼之中：“士庶之家，宜许上墓，编入五礼，永为常式。”得到了官方的肯定，墓祭之风大盛。

而皇帝真正下诏清明扫墓则是公元 734 年，唐玄宗诏令：寒食上墓，随以为俗。寒食扫墓成为当时“五礼”之一，因此每逢清明节来到，“田野道路，士女遍满，皂隶佣丐，皆得上父母丘墓”。这是柳宗元《寄许京兆孟容书》中描绘的场景，可见扫墓已经成为当时社会重要风俗。

旧时传统的扫墓仪式比较隆重。男主人挑着四个小菜和水饺到祖坟，先将祭品供上，然后焚香烧纸，洒酒祭奠，有时还要给坟墓添新土。湖南地区流行给亡灵“烧包袱”。所谓“包袱”，亦作“包裹”，是指孝属从阳世寄往“阴间”的邮包。过去，纸火店有卖所谓的“包袱皮”，即用白纸糊的一个口袋，袋面上有收钱亡人的名讳。包袱里装着“寄”给祖先亡灵的冥钱、冥钞、假洋钱等，还有用金银箔叠成的元宝、锞子，用线穿成串，下边缀着彩纸做成的花穗。

清明那天，大的家族或有钱人家还会在祠堂或家宅正屋设供案，将“包袱”放于正中，前设水饺、糕点、水果等供品，烧香秉烛，祭拜祖先。全家依尊卑长幼行礼后，将“包袱”于门外焚化。焚化时，画一大圈，按坟的方向留一缺口，在圈外烧三五张纸，谓之“打发外祟”。有的富户要携家带眷乘车坐轿，亲到祖先坟茔去祭扫。届时要修整坟墓，或象征性地给坟头上添一层新土，还要在上边压些纸钱，让别人看了，知道此坟尚有后人。离乡远行的人到了清明节会在水边遥祭祖先，还会带着家眷向着家乡的方向跪拜。

清明祭扫的日期，各地风俗不同，有的是清明节前十天后十天，有的为“前三后三”，有的在清明节前后逢单日举行，有的地方则长达一个月之久。

旧时扫墓有很多禁忌，是一件十分严肃和恭谨的事情。通常怀孕的妇女要避开扫墓，来例假的女性也不能参加扫墓。早上洗漱之前，先照照镜子看看自己的额头是否有乌黑的气色，因为乌黑气色代表时运较低，这样的人宜避开扫墓；若一定要去，可随身佩戴玉器、桃木等，以化解黑气。扫墓时应该着素服，摘去红色的配饰，也不得嬉笑怒骂，污言秽语。清明节这天不宜探视亲友。清明扫墓的花卉以菊花最为适宜，因为菊花自古有寄托思念的含义。白色菊花最适合祭扫之用，也可以搭配一些绿草。清明节前忌讳买鞋，清明扫墓回来，也一定要记得清洁鞋子。

插柳

折柳○插头

清明节到了，和煦的春风裁剪出丝绦一般的柳条，在节日里成为主角。小时候，我们女孩子总喜欢撷取一枝枝的柳条，编成圆环戴在头上，再缀上几朵桃花、杏花，于是便揣着一个公主梦走在春天里。

民谣中说："清明不插柳，来生变黄狗。"清明节时多地都有插柳条的习俗，有的地方也兴插松枝。家家户户在门口或者屋檐下插上柳条，兼具预告天气的作用，古谚有"柳条青，雨蒙蒙；柳条干，晴了天"的说法。老人们用柳条、松枝在墙壁等处轻轻抽打，边打边说："一年一个清明节，杨柳单打青帮蝎，白天不准门前过，夜里不准把人蜇。"妇女们就近折下些新长的杨柳枝，将墓地祭扫撤下的蒸食供品用柳条穿起来。孩子们则把柳条编成圈状，戴在头上，还逗趣地给狗狗的脖颈上也戴上柳条圈。

清明戴柳的习俗缘起很早，据说最初是为了纪念"教民稼穑"的农事祖师神农氏的。清人富察敦崇的《燕京岁时记》记载："至清明戴柳者，乃唐高宗三月三日祓禊于渭阳，赐群臣柳圈各一，谓戴之可免虿毒。今盖师其遗意也。"也有人考证插柳的习俗就是从寒食节"折柳插头"演变而来，当时晋国人是把柳枝编成环戴在头上，或顺手折一枝柳插在帽子或头发里，以此来表示对介子推的纪念。

原先中国人以清明、七月半和十月朔为三大鬼节，认为是百鬼出没讨索之时。柳在人们的心目中有辟邪的功用。受佛教的影响，人们认为柳可以驱鬼，称之为“鬼怖木”，观世音就以柳枝沾水普度众生。北魏贾思勰《齐民要术》里说：“取柳枝著户上，百鬼不入家。”清明既是鬼节，值此柳条发芽时节，为防止鬼的侵扰迫害，人们自然纷纷插柳戴柳以辟邪了。黄巢起义以“清明为期，戴柳为号”，起义失败后，戴柳的习俗渐渐被淘汰，只有插柳盛行不衰。

俗话说：“有心栽花花不发，无心插柳柳成荫。”清明插柳还有一个重要的原因，就是春天的杨柳有强大的生命力，插土就活，插到哪里，活到哪里，年年插柳，处处成荫。开始是无心的插柳，后来人们发现，清明插柳的成活率很高，于是插柳变成有计划的“植树”，因此清明成为我国传统的植树节。

农谚说：“植树造林，莫过清明。”春天是万物萌发的季节，此时阳光和煦，雨水充足，最适宜植物生长。先人的精神，当像山上的树木，是长青的；人的生命，也当像新种下的树木，在这春风中成长、向上。

踏青

探春◎寻春

青门欲曙天，车马已喧阗。
禁柳疏风雨，墙花拆露鲜。

春寒料峭的时节，又逢寒食节要禁火吃冷食，为防止寒食冷餐伤身，也为了在休养一冬后活动活动筋骨，民间逐渐衍生出了踏青、郊游、荡秋千、踢足球、打马球、插柳、拔河、斗鸡等户外活动。在经历了一冬的严寒、看厌了枯黄的景色之后，人们在景色宜人的清明感到心旷神怡，纷纷走出家门。

清明又叫“踏青节”。踏青，风雅一点叫探春、寻春，通俗一点又叫郊游、春游，顾名思义就是脚踏青草在郊野游玩，观赏春色。四月清明，春回大地，天地间到处一派生机勃勃的景象，正是郊游的大好时光。我国民间长期保持着清明踏青的习惯，《武林旧事》有这样的记载：“清明前后十日，城中士女艳妆浓饰，金翠琛缡，接踵联肩，翻翻游赏，画舡箫鼓，终日不绝。”在农村你说踏青就是一件很矫情的事情了，到处是青葱绿地，到处是苍翠树林，还需要去哪里踏什么青呢。何况农事繁忙，播种的时间不容错过，趁着清明的雨水和风，早早地播种才是最重要的呢。

无事的孩子们早早地就到村外放风筝，还用柳条做成口哨，哨声悦耳动听。小时候的我们，利用天然的物材自己动手做一些小玩意儿，那是再寻常不过的事情。折一段新鲜的柳枝，去掉柳叶和不光滑的部分，只要三五厘米长一段，从上到下扭动树皮，将树皮与白色的木质分离，然后抽去木质部分，留下管状的一段树皮，把树皮的一端捏成扁扁的哨口，用小刀剔除哨口的表层，一个柳条口哨就做好了。轻轻放在唇间，便可吹奏出一个孩童世界里的美好春天。稍长一些的柳哨还可以在哨身上再加几个孔，使音律更加丰富。口哨完成后，可互相比试谁的哨声最响、最清脆，谁的哨音引起了布谷和黄鹂的回应。

梨花淡白，柳叶深青，清明祭扫的人们虽然略带感伤，但终要将日子快乐地继续下去。现世的淡然和洒脱就体现在踏青的活动中。于是在完成祭扫后，人们“遂设酒馔，携家春游”，或相聚于春水边，或结伴于春野外，“座客无辞醉，芳菲又一年”。

到了现代，踏青仍是春季最受欢迎的活动，中小学生的春游最让孩子们期待。二十年前的我们，物质很匮乏，根本没有什么干粮可以带，我们带的是锅碗瓢盆、油盐米菜，大家分工明确，总之做一顿饭需要的东西，分别在每个人的手上、肩上和背上。路途不远不近，太阳有点炽热，但是大家吵吵闹闹，丝毫不觉得累。一路欢声笑语，最终抵达公园或者山脚，大家就地搭灶、拾柴、生火、做饭。饭菜的质量可想而知是粗陋的，但是彼此眼瞅着抹着烟灰的脸、烧黑的辣椒、半生不熟的土豆片……饭菜有什么重要，快乐才是真实的！值得一提的是，每年春游回来要求写一篇春游日记，简直是多少年来语文老师的必杀技，春游的美好回忆在孩子们的作文中丰富多彩、大放光芒！

荡秋千

春日◎打秋千

踏青当然不仅仅是在青草鲜嫩的郊外随便走走，古代的清明节还有一些附加的娱乐方式，比如打秋千。秋千甩得高，意味着今年生活过得好，所以大家都你争我抢，兴高采烈地打秋千。

秋千是一种游戏器具，荡秋千的游戏历史古老，相传乃春秋时由齐桓公从北方山戎民族引入中原大地，又说为汉武帝时后宫之戏。秋千最早叫“千秋”，为祝寿之词，后为了避忌讳，改为秋千。古时的秋千多用树丫枝为架，再拴上彩带做成，后来逐步发展为用两根绳索加上踏板的秋千。荡秋千不仅可以增进健康，而且可以培养勇敢精神，至今也是特别为孩子们所喜爱。

五代王仁裕《开元天宝遗事》中记载：“天宝宫中至寒食节，竞竖秋千，令宫嫔辈戏笑以为宴乐。帝（唐玄宗）呼为半仙之戏，都中士民因而呼之。”历代有许多诗歌描写清明节中的这种游戏，例如王维的《寒食城东即事》：“清溪一道穿桃李，演漾绿蒲涵白芷。溪上人家凡几家，落花半落东流水。蹴踘屡过飞鸟上，秋千竞出垂杨里。少年分日作遨游，不用清明兼上巳。”欧阳修《浣溪沙》词中云：“堤上游人逐画船，拍堤春水四垂天。绿杨楼外出秋千。白发戴花君莫笑，六么催拍盏频传。人生何处似尊前。”春水溶溶，游人如织，更有悠闲的秋千荡出绿杨之外。宋代宰相文彦博《寒食日过龙门》诗中描写道：“桥边杨柳垂青线，林立秋千挂彩绳。”

除了陆地上的游戏之外，古代还有一种水秋千的游戏怕是不为大家所熟知，就是把秋千架在船上，表演者荡高后掷身入水。宋代孟元老的《东京梦华录》中即有此记载。张炎在《阮郎归·有怀北游》中描绘：“钿车骄马锦相连，香尘逐管弦，瞥然飞过水秋千。清明寒食天。”钿车、骄马、香尘、管弦加上迅疾飞动的水秋千，便构成了一幅有声有色、富于动感的“清明寒食天”的美景。

春日的郊外，日暖风熏，秋千轻轻晃起来，晃动了女儿家家的心。曹雪芹的《红楼梦》中就有：“女儿悲，青春已大守空闺。女儿愁，悔教夫婿觅封侯。女儿喜，对镜晨妆颜色美。女儿乐，秋千架上春衫薄。”秋千，佳人，春光美。

放风筝

纸鸢○神灯

风筝发明于中国春秋时期，至今已两千多年。相传墨翟以木头制鸟，三年始成，是最早的风筝雏形。后来鲁班选用竹子，改进了风筝材质。至东汉蔡伦改进了造纸术后，坊间才开始以纸做风筝，称“纸鸢”。

诗词中的风筝

村居

清・高鼎

草长莺飞二月天，拂堤杨柳醉春烟。

儿童散学归来早，忙趁东风放纸鸢。

题斋壁

南宋・陆游

稽山千载翠依然，着我山河一钓船。

瓜蔓水平芳草岸，鱼鳞云亲夕阳天。

出从父老观秧马，归伴儿童放纸鸢。

君看此翁闲适处，不应便谓世无仙。

青团

浆麦草○糯米

清明时节吃青团，这种风俗可追溯到两千多年前的周朝。据《周礼》记载，当时有“仲春以木铎循火禁于国中”的法规，于是百姓熄炊，“寒食三日”。寒食禁火，在北方，百姓吃事先做好的冷食，如枣饼、麦糕；在南方，则多吃青团和糯米糖藕。后来，寒食与清明逐渐融合，青团则成了清明的食俗。青团是可以在节日前准备好的食品，供寒食充饥，不必举火为炊。《遵生八笺》有载：“遇寒食……今俗以夹麦青草捣汁，和糯米作青粉团，乌桕叶染乌饭作糕，是词遗意。”青团还是江南一带用来祭祀祖先必备的食品，正因为如此，青团在江南一带的民间食俗中显得格外重要。

青团是江南地区的特色小吃，在各地有不同的叫法：上海、宁波叫“青团”，苏州叫“青团子”，杭州叫“青团子”或“清明团子”，南京称“清明团”或“春团”，温州叫“清明饼儿”，金华叫“清明果儿”或“月牙形清明饺儿”。

最开始，青团是将一种名叫“浆麦草”的野生植物捣烂后挤压出汁，用这种汁同晾干后的水磨纯糯米粉拌匀揉制而成。青团是青色的，有着浆麦草的清香和糯米粉的软糯，再包裹进豆沙或枣泥馅儿，放入蒸笼之前，先以新芦叶垫底，蒸热后油绿如玉，糯韧绵软，甜而不腻，形象翠绿可爱，又带有芦叶的清香，清淡却悠长的香气如同春风入口，因此青团是很受欢迎的清明节食品。

清袁枚《随园食单》中写道：“捣青草为汁，和粉作粉团，色如碧玉。”做青团用的野菜一般有三种，泥胡菜、艾蒿、鼠曲草。野菜汆后色泽碧绿，揉入糯米粉中，便可做成碧绿色的团子。

艾草青团还有防病作用。春季采嫩艾做菜食，或和面做成弹丸大小的馄饨，每次吃三五枚后再吃饭，清香溢于唇齿，可治一切恶气。艾草也称冰台、医草、黄草、艾蒿。王安石《字说》载：“艾可乂（治理、安定）疾病，久而弥善，故字从乂。”《本草纲目》中说：“艾叶味苦，性微温，灸百病。”北方没有这个食俗，是因为北方于清明时艾叶不成熟，而南方艾叶则如夜雨春韭，鲜嫩多汁。但时下粉食流行，艾草粉的出现也就方便了北方人能享受到清香的艾叶青团，虽不及现摘的美味，但也不失为一种食趣。

现在的青团，有的采用浆麦草汁，有的采用青艾汁，也有用其他绿叶蔬菜汁，将其和糯米粉揉和，再以豆沙为馅制成。青团作为祭品的功能日益淡化，更多地被人当作春游小吃。

关于青团，还有着这样一则传说。传说有一年清明节，太平天国将领李秀成被清兵追捕，附近耕田的一位农民上前帮忙，将李秀成化装成农民模样，与自己一起耕地。没有抓到李秀成，清兵并未善罢甘休，于是在村里添兵设岗，每一个出村的人都要接受检查，防止他们给李秀成带吃的东西。

农民回家途中，苦苦思索带什么东西给李秀成吃时，一脚踩在一丛艾草上，滑了一跤，爬起来时只见手上、膝盖上都染上了绿莹莹的颜色。他顿时计上心头，连忙采了些艾草回家洗净煮烂挤汁，揉进糯米粉内，做成一只只米团子，然后把青溜溜的团子放在青草里，瞒过村口的哨兵。李秀成吃了青团，觉得又香又糯且不粘牙。天黑后，他绕过清兵的哨卡，安全返回大本营。吃青团的习俗就此在民间流传开来。

蒿子粑粑

鲜嫩 ◎ 清香

清明节要吃青色的食物，湖南农村中有蒸制蒿子粑粑的习俗。蒿子粑粑类似于江南的青团，采新蒿嫩芽和糯米同春，使蒿汁与米粉融为一体，以肉、蔬菜、豆沙、枣泥等作馅，纳于各种花式的木模之中，用新芦叶垫底入笼蒸熟。蒿子粑粑颜色翠绿且带有植物清香，它是清明祭祖的食品之一，也用来馈赠或款待亲友。

蒿子粑粑承载着鲜为人知的文化气息。据《三国志·吴书》记载，东汉末年一代英才周瑜病逝于巴丘，百姓哀恸，素服举哀，乡邻为寄托对英雄早逝的哀思，每年清明时节采摘鲜嫩的香蒿尖芽，和以米粉、腊肉、咸鸭蛋黄等佐料，经过数十道手工工艺制作成粑粑，再泡一壶清香碧绿的小兰花新茶，粑粑配新茶，是古代劳动人民表达对英雄的崇拜和敬意最为朴素的方法。

我的老家是这样做蒿子粑粑的：

1. 采摘鲜嫩的蒿草，清洗干净。
2. 将蒿草放入煮沸的开水中氽一下。
3. 将蒿草滤去水放案板上用刀剁碎。
4. 用手把蒿草汁液挤入碗中备用。
5. 挤过水的蒿草放入大盆中，与糯米粉和均匀。

6. 一点点加入糯米粉，太干了就倒入蒿草汁。

7. 取小块面团揉捏成一个个圆饼形。

8. 将面团放入油锅中煎至变色。

9. 将煎好的蒿子粑粑放入盘中，撒上白糖，放入蒸锅中蒸 15 分钟左右即可食用。

除了冬天，蒿子一年三季都有，春天的蒿子最为鲜嫩清香。俗语中说：三月三，蛇出山，蒿子粑粑扎蛇眼。据说吃了三月三的蒿子粑粑，进山砍柴，下地劳作，就不会被蛇咬。小时候物资匮乏，我却也不喜欢蒿子粑粑，觉得有一股药味和苦味夹杂其中。长大以后却返璞归真，越吃越觉得清香盈口，这个时节去饭店，总要点上一份，一解口馋。

馓子

香脆◎食俗

我国南北各地清明节都有吃馓子的食俗。馓子是一种油炸食品，香脆精美。它是寒食节禁火习俗产生的一种饮食。那时候，为纪念春秋时期晋国名臣义士介子推，寒食节（清明节前一二日）要禁火三天，于是人们便提前炸好一些环状面食，作为寒食节期间的快餐。

虽然寒食节在我国大部分地区已不流行，但与这个节日有关的馓子却深受世人的喜爱。现在流行于汉族地区的馓子有南北方的差异：北方馓子大方洒脱，以麦面为主料；南方馓子精巧细致，多以米面为主料。在少数民族地区，馓子的品种繁多，风味各异，尤以维吾尔族、东乡族和纳西族以及宁夏回族的馓子最为有名。

两千多年前，著名爱国诗人屈原的《楚辞·招魂》中，就有“粔籹蜜饵，有怅惶些”的句子。宋代著名词人、美食家林洪考证：“粔籹乃蜜面而少润者”“怅惶乃寒具食，无可疑也”。北魏贾思勰的《齐民要术》详细记载了三国两晋南北朝时期寒具的制作方法。宋代苏东坡曾写过一首名为《寒具》的诗：“纤手搓来玉色匀，碧油煎出嫩黄深。夜来春睡知轻重，压匾佳人缠臂金。”明代李时珍的《本草纲目·谷部》记载：“寒具即食馓也，以糯粉和面，入少盐，牵索纽捻成环钏形……入口即碎脆如凌雪。”

如今，寒食节逐步与清明节融合在一起，寒食节禁火寒食的风俗也早已遗失，但与这个节日有关的馓子却深受世人喜爱，时至今日，馓子仍然是老少皆宜的时令食品。

清明螺

肥美 ○ 鲜嫩

大地复苏，春暖花开，潜伏在泥土中休眠的田螺纷纷爬出来。清明是田螺最为肥美鲜嫩的时节，最宜食用。此时的田螺还没开始繁殖，有着“清明螺，肥似鹅”的美誉。清明过后，螺蛳就要产子了，产子的螺蛳就会变得比较枯瘦。太大的螺蛳肉质粗糙，太小的又不堪食。一般选个头不大不小，壳的颜色是褐色透着黄绿色的那种，此谓之青壳螺。青壳螺肥而不腻、韧而不老，且是不受污染的健康食品，是螺蛳中的上品。

过去买不起鹅的人家，在清明左右，下到春水微凉的河塘里摸盆螺蛳，用清水养上两三天，然后剪去尾端，放点葱、姜、辣椒煮熟，就是一盆好菜。有的就用腌菜煮，清淡爽口，味道非常鲜美。有的煮熟了挑出螺肉炒韭菜，那是无论如何也舍不得丢的美味。

江南水乡是螺蛳的天堂，塘里、河里多的是。河滩石沿、石驳岸边都布满螺蛳，不一会儿就能摸上一碗。如果你懒得去摸，就找只破提篮，在把上系上一根绳子，篮里放块砖头沉在河底。到了第二天篮子提上来，绝对会有大大的惊喜。

螺蛳摸回来或者买回来后，一般不急着做，而是养上两三天。螺蛳倒在盆中，清水浸透，螺蛳慢慢张开黑褐色的鳞片，露出灰白的嫩肉，还有灰色的细细的两根触须。轻轻碰一下触须，它会很警惕地缩拢触须，张开的鳞片也会马上收起来。如果你在清水中洒上几滴食用油，螺蛳就会加快节奏，一张一合，壳里的泥也会尽数吐出。每天多换几次水，螺蛳也就养干净了，就可以装在篓子里面沥水备用了。

晚食螺蛳青可挑，无瓶红萼小桃妖。清明怅望双双燕，社近新茶云水遥。
《清明》吴藕汀

要炒的螺蛳先用剪刀剪去它的屁股，这样才更入味，在吃的时候也容易嘬出它的肉。炒螺蛳时，鳞片差不多脱离了壳体，螺蛳就炒熟了。螺蛳炒得欠火候，对肠胃很不好；炒得过头了，肉又不容易吸出来了，恰到好处才堪称完美。

螺蛳做法颇多，可与葱、姜、酱油、料酒、白糖同炒；也可花点时间，细细挑出螺肉，螺肉可拌、可炝，无不适宜。若做法得当，真可称得上“一味螺蛳千般趣，美味佳酿均不及”。长沙有一段时间非常时兴螺蛳粉，至今林科大的螺蛳粉都让很多人牵挂，不过我始终没有去过。螺蛳与酒最为般配，一盘螺蛳配上白酒或啤酒，是爱宵夜的长沙人的心头好。

文艺范儿

《清明上河图》

北宋◎张择端◎风俗画

前面提到，唐宋时期，清明已是一个盛大的节日，在诗画繁盛的时期，关于清明的艺术作品也是数不胜数。

公元 1104 年左右，北宋画家张择端绘就了一幅《清明上河图》进献给宋徽宗。《清明上河图》是一幅举世闻名的现实主义风俗画卷，全景式描绘了清明时节汴京的繁荣景象，气势恢宏，以长卷形式，采用现实主义手法和散点透视的构图法，生动细致地描绘了北宋王都汴京的舟船往复、飞虹卧波、店铺林立、人烟稠密的繁华景象和丰富的社会生活、民俗风情，生动地记录了中国十二世纪城市生活的面貌，这在我国乃至世界绘画史上都是独一无二的。

张择端，北宋画家，字正道，东武（今山东诸城）人，早年游学东京（今河南开封）。宣和年间任翰林待诏，擅画楼观、屋宇、林木、人物。所作风俗画市肆、桥梁、街道、城郭刻画细致，界画精确，豆人寸马，形象如生。后“以失位家居，卖画为生，写有《西湖争标图》《清明上河图》”。存世作品有《清明上河图》《金明池争标图》等，皆为我国古代的艺术珍品。

《清明上河图》将繁杂的景物纳入统一而富于变化的画卷中，全图规模宏大，结构严密。一般认为画中有 814 人，牲畜 60 多匹，船只 28 艘，房屋楼宇 30 多栋，车 20 辆，轿 8 顶，树木 170 多棵，往来人物衣着不同，神情各异，栩栩如生，其间还穿插各种活动，注重情节，构图疏密有致，富有节奏感和韵律的变化，笔墨章法都很巧妙，颇见功底。 这幅画是汴京当年繁荣的见证，也是北宋城市经济情况的写照，是研究北宋东京城市经济及社会生活的宝贵历史资料。

《清明上河图》是中国十大传世名画之一。现存的作品长 528.7 厘米、宽 24.8 厘米，全图可分为三个段落：展开图，首先看到的是汴京郊外的景物；中段描绘的是上土桥及大汴河两岸的繁忙景象；后段展现的是汴京市区的街景。据后人考证，《清明上河图》前段应该还有远郊的山水景色，并有宋徽宗瘦金体字的题签和他收藏的双龙小印印记，如今皆已不见。原因有两种，一种可能是因为此图流传年代太久，经无数人之手把玩欣赏，开头部分便坏掉了，于是后人装裱时便将其裁掉；一种可能是因宋徽宗题记及双龙小印值钱，后人将其故意裁去，作另一幅画卖掉了。

桃花酒

除百病◎益颜色

清明时节雨纷纷，路上行人欲断魂。
借问酒家何处有？牧童遥指杏花村。
　　　　　　　　　　　　《清明》杜牧

大自然的诸多花卉之中，古人最爱将美人与桃花联系在一起。桃花，美得朴实，香得淡雅，清新脱俗，形容青春可人的女子最合适了：粉面桃花 、面若桃花、桃花玉面、人面桃花就是这样让人产生遐想的词语。诗词中最著名的，当属唐人崔护的《题都城南庄》，可谓吟咏桃花美人的佳篇：去年今日此门中，人面桃花相映红。人面不知何处在，桃花依旧笑春风。唐代诗人元稹曾经在成都与才女薛涛谱写了一段情缘，可惜最终未能圆满，一首《桃花》，哀思不断，短诗如画，颇为凄婉：“ 桃花浅深处，似匀深浅妆。春风助肠断，吹落白衣裳。”

桃花酒可破瘀、通经、活血、美容、治腰脊痛。古代女子很早就知道用桃花酒来美容增色，常饮桃花酒，可化解女子血瘀、血寒、血虚导致的皮肤黑黄、暗淡无光，同时活血化瘀消斑。

传说三月初三最适宜收取桃花瓣，酿桃花酒。《法天生意》记载：“三月三日，采桃花浸酒饮之，除百病，益颜色。”这是美容酒的古代典范，是让颜值升高的捷径。《千金方》记载了桃花酒的酿制古法：“三月三日取桃花一斗一升，井华水三斗，曲六升，米六斗，炊熟，如常酿酒。”

在王母娘娘身旁有一位美丽的蟠桃仙子，叫董双成。董双成原是民间一名普通女子，传说董家植桃成林，草庐被一片嫣红的桃花簇拥，犹如仙境一般。一日，董双成望着满园盛开的桃花似有所悟，便将桃花泡于酒中，酿制出的桃花美酒清冽甘醇，酒香飘至数里之外，引得无数好酒之人垂涎三尺，尝过的人更是难以忘怀。

在一个春光明媚的午后，董双成炼成了一炉“百花丹”，董双成以桃花酒服用这炉异香扑鼻的丹药之后，顿觉神清气爽、精神百倍，兴奋之余取来玉笙吹奏。这美妙的乐曲引来仙鹤翩然而降，董双成跨上鹤背，仙鹤将董双成载到昆仑山，做了王母娘娘身旁的侍女，受命看守蟠桃园。董双成还将桃花美酒的工艺带到仙宫，每逢瑶池盛会，王母娘娘赐给群仙的蟠桃和桃花美酒，都是经董双成纤纤玉手精选而来。董双成成仙后，留在世间的桃花酒更受世人喜爱，人们也称之为“养颜酒”，广为流传。

现代桃花酒的做法：

1. 将新鲜完整的桃花采摘下来，择干净使之没有烂花瓣。

2. 将桃花细心地清洗干净，用干净白布蘸去花瓣上的生水，放在避免阳光直射的地方微风阴干一天。

3. 玻璃瓶用温水洗过晾干，或者用高粱酒涮一遍。

4. 瓶底铺撒一层白糖，将晾干的桃花倒进玻璃瓶内。桃花花瓣极苦，因此多加点白糖才好。

5. 将高粱酒倒入瓶中。

6. 静置一个月，捞出桃花瓣，桃花酒就成了。

在这一个月的时间里，看着玻璃瓶中的桃花洗尽铅华，自由沉浮，好像一幅画，于是心似桃花一样轻盈，只等岁月积蕴余香。

爱美的女孩子在临睡前服一小口桃花酒，或者将桃花酒倒在掌心搓热敷脸，长此以往能达到淡斑美白的效果，使人肌如白雪，面若桃花。

那 些 与 清 明
/nà/ /xiē/ /yǔ/ /qīng/ /míng/
相 邻 的 节 气
/xiāng/ /lín/ /de/ /jié/ /qì/
和 节 日
/hé/ /jié/ /rì/

中国人是非常看重祭祖祀神的，因而分外看重清明。清明正值初春，桃红杏白，细雨霏霏，既有着追思先祖的哀愁，也少不了畅游春日的欢愉。在清明和与清明相邻的节气、节日里，人们尽情享受着春天的馈赠，仿佛要将春天的一切融进生命。勤劳的农人们这时候会谨遵时令、顺应天时，踏踏实实地耕耘，在广袤的大地上播种下一年的希望。繁春和盛夏即将如约而至，一切都是欣欣向荣的势头。

话说惊蛰

一声霹雳醒蛇虫，几阵潇潇染紫红。

02

惊蛰是农历二十四节气中的第三个节气，时间大概是每年的3月5日至6日。农历书中记载："斗指丁为惊蛰，雷鸣动，蛰虫皆震起而出，故名惊蛰。"此时太阳黄经为345度，夜观星辰，北斗星的斗柄正指向卯的方位，也就是正东方。这个时段一般在农历的正月末和二月初，又叫卯月、杏月、令月、如月。惊蛰又称"启蛰"，汉朝皇帝汉景帝的名为"启"，为了避讳而将"启"改为"惊"，后世一直沿用。

《月令七十二候集解》这样阐述："惊蛰，二月节。万物出乎震，震为雷，故曰惊蛰。是蛰虫惊而出走矣。"惊蛰标志着仲春时节的开始，桃花红，杏花白，黄莺鸣叫，燕子正飞来。在此之前，动物入冬藏伏于土中，不饮不食，称为"入蛰"；到了惊蛰时，天气转暖，渐有春雷，惊醒了蛰伏在地下冬眠的昆虫。但是实际上，使冬眠的动物惊醒的，并不是那隆隆的雷声，而是土壤温度的升高。

《月令七十二候集解》归纳了这一节气的物候特征：一候桃始华，二候仓庚鸣，三候鹰化为鸠。桃花探春早，等不及春意浓便在没有树叶的枝头吐露着芳华。被称为仓庚的黄鹂鸟，感受到春阳清新之气，在开满桃花的枝头跳来跳去，声声呼唤，邀朋引伴。

天空中再看不到雄鹰的身姿，只有斑鸠在鸣叫，想要引起异性的注意。

惊蛰时节，气暖雨密，农家无闲，真可谓“一声霹雳醒蛇虫，几阵潇潇染紫红。九九江南风送暖，融融翠野启春耕”。这时，我国除东北、西北地区仍是银装素裹的冬日景象外，西南和华南早已是一片融融的春光了。中国大地普遍进入春耕的时候，田间地头开始忙碌起来，“春日农家闲不住，赶马牵牛耕作忙”。

人们为了提前预防，纷纷在惊蛰那天“祭白虎”。

生活气息

祭白虎

口舌○是非

在中国的民间传说中，白虎是口舌、是非之神，每年都会在惊蛰这天外出觅食，张口噬人。如果这天不小心冲撞冒犯了白虎星神，未来的一年就会常遭邪恶小人搬弄是非，导致百般不顺。人们为了提前预防，纷纷在惊蛰那天“祭白虎”。所谓祭白虎，是指拜祭用纸绘制的老虎，纸老虎一般为黄色黑斑纹，怒须獠牙。拜祭时，先用肥猪血喂老虎，使其吃饱后不再出口伤人，然后拿生猪肉在纸老虎的嘴上涂抹，使之沾满油水，不能张口说人是非。

惊蛰吃梨

益脾 ◦ 养生

惊蛰吃梨，从养生的角度来说，是有一定道理的。惊蛰处于乍暖还寒的时候，微寒的风不时吹起，雨水的不充沛导致空气干燥，很容易引起口干舌燥、外感咳嗽。此时饮食起居应顺肝之性，吃梨助益脾气，令五脏调和，以增强体质，抵御病菌的侵袭。梨可以生食、蒸、榨汁、烤或者煮水。也有人说“梨”谐音“离”，惊蛰吃梨可让害虫远离庄稼，可保全年的好收成，所以这一天全家都要吃梨。

“打小人”

驱赶◎霉运

惊蛰的雷声唤醒所有冬眠中的蛇虫鼠蚁，它们应声而起，四处觅食，所以古时惊蛰当日，人们会在家中燃香、烧艾草以驱赶蛇虫蚊鼠和霉味，久而久之，渐渐演变成不顺心者拍打对头人和驱赶霉运的习惯，俗称“打小人”。人们通过拍打代表对头人的纸公仔，驱赶身边的小人瘟神，宣泄内心的不满。

《千金月令》上说：“惊蛰日，取石灰糁门限外，可绝虫蚁。”石灰原本具有杀虫的功效，在惊蛰这天，人们将其撒在门槛外，虫蚁一年都不敢上门。

话说春分

03

春分是春季九十天的中分点，自此进入风和日丽、万紫千红的争媚时节。

春分，二十四节气之一，时间是每年公历 3 月 20 日或 21 日，太阳位于黄经 0 度时，开始一个新的轮回。这一天太阳直射地球赤道，南北半球季节相反，位于北半球的我们是春分，在南半球来说则是秋分。此后太阳直射点继续北移，故春分也称“升分”。

《春秋繁露·阴阳出入上下篇》说：“春分者，阴阳相半也，故昼夜均而寒暑平。”一个“分”字道出了昼夜寒暑以此为界，逐渐分明。《月令七十二候集解》：“二月中。分者，半也。此当九十日之半，故谓之分。”所以春分的意义，一是指一天时间中白天黑夜平分，各为 12 小时；二是古时以立春至立夏为春季，春分正当春季三个月之中，平分了春季。

春分是春季九十天的中分点，自此进入风和日丽、万紫千红的争媚时节。此时，阳在正东，阴在正西，由此昼夜平分，冷热均衡，为一年中最好的气候。

古代黄河流域与春分相应的物候现象为：元鸟至，雷乃发声，始电。“元鸟”即燕子，燕春分而来、秋分而去，“燕来还识旧巢泥”。阴阳相薄为雷，雷为振，为阳气之声，春分后出地发声，秋分后入地无声。电闪雷鸣，春雨潇潇。欧阳修对春分有过精彩的描述：“南园春半踏青时，风和闻马嘶。青梅如豆柳如眉，日长蝴蝶飞。”无论南方北方，春分都是春意融融的大好时节。

生活气息

春分成了竖蛋游戏的最佳时光，故有“春分到，蛋儿俏”的说法。

春分竖蛋

春分到○蛋儿俏

春分成了竖蛋游戏的最佳时光，故有“春分到，蛋儿俏”的说法。每年的春分这一天，世界各地数以千万计的人都在做一个简单而富有趣味的游戏：选择一个光滑匀称、刚生下来四五天的新鲜鸡蛋，尝试轻手轻脚地在桌子上把它竖起来。成功者凤毛麟角，能被竖立起来的蛋儿好不风光！

鸡蛋的曲线匀称光滑，这是它难以竖立起来的原因，也是竖蛋游戏的魅力所在。那为什么春分这一天鸡蛋容易竖起来呢？这其中是有一定的科学道理的。首先，春分是南北半球昼夜都一样长的日子，呈 66.5 度倾斜的地球地轴与地球绕太阳公转的轨道平面处于一种力的相对平衡状态，有利于竖蛋。其次，春分时不冷不热，人心舒畅，思维敏捷，动作利索，易于竖蛋成功。最重要的是，鸡蛋的表面高低不平，有许多“小山”一样的突起。“山”高 0.03 毫米左右，山峰之间的距离在 0.5 ～ 0.8 毫米之间。根据三点构成一个三角形和决定一个平面的道理，只要找到三个“小山”和由这三个“小山”构成的三角形，并使鸡蛋的重心线通过这个三角形，那么这个鸡蛋就能竖立起来了。此外，最好要选择生下后四五天的鸡蛋，这是因为此时鸡蛋的卵磷脂带松弛，蛋黄下沉，鸡蛋重心下降，有利于鸡蛋的竖立。故此，春分就成了竖蛋游戏的最佳时光。

吃春菜

清新 ◎ 春味

春天到了，人们纷纷走出家门，亲近绿色的大自然。到了春分前后，乡间的野地上，到处是在草丛间扒拉着采摘春菜的人们。这个时候的餐桌上，自然给予我们丰厚的馈赠，味蕾也要品尝春的清新，于是有了“春八鲜”，家族成员有芦蒿、茭白、豌豆苗、香椿、春笋、荠菜、莴苣、马齿苋等八种春菜。有的地方也把茭白、豌豆苗换成韭菜、蚕豆等。试想，青绿的蚕豆、鲜嫩的春笋、诗意的蒌蒿、嫩绿的荠菜、喷香的香椿……这种种凝聚了春意的食材就那样自然质朴地被烹饪出来，经过我们的舌尖唤醒沉睡的春，带给我们最清新的春味，生活顿时诗意无限。

我的故乡人最钟爱的，当属春笋、蒌蒿。一场春雨过后，屋后的竹林悄悄地变了，新生的小笋冒出了尖尖，头上还顶着泥土，就迫不及待地要和世界打个招呼了。因为一句古老的诗，蒌蒿永远和春天联系在一起了，拈一筷蒌蒿香干炒腊肉入口，品一品春天的味道。层层剥开碧绿的莴笋，其心是充满水分的幼嫩质地，饱满清脆的样子让人爱不释口。春色的绿意与春雨的滋润凝聚其中，食之而知春。当然还有一种野苋菜，乡人称之为“春碧蒿”或者“马齿苋”，我却不怎么喜欢。在葱绿的田野中，野苋菜是嫩绿的，细细一棵，约有巴掌那样长。

春天里应季的青菜特别多，无论是种植的还是野生的，统统可以称为“春菜”。春菜采回后均可以与鱼片“滚汤”，名曰“春汤”。民谚更是赋予春汤无限的妙处:“春汤灌脏，洗涤肝肠。阖家老少，平安健康。”

诗意的生活，应该就是享受大自然一切的馈赠。几棵春菜，一碗浓汤，便是知足的一天天、一年年了。

春官送春牛

说春○春官

中国自古以来以农立国，劝农是历代地方官吏的重要职责。春分是春耕开始的时候，耕牛是最大的功臣，于是民间流行送春牛，这是古老迎春仪式的一部分。随着时间的推移，送春牛逐渐演变成送春牛图。春牛图是把二开红纸或黄纸印上全年农历节气和农夫耕田图样，木刻版印，再由春官拿着逐村逐户唱送。春官都是些民间善言唱者，主要说些春耕须知和吉祥不违农时的话，每到一户人家还能即兴编唱，说得主人乐呵呵地给赏钱。

春祭

扫墓 ○ 祭祖

《礼记·祭统》中记载：“凡祭有四时：春祭曰礿，夏祭曰禘，秋祭曰尝，冬祭曰烝。”《红楼梦》第五十三回中：“贾珍因问尤氏：‘咱们春祭的恩赏可领了不曾？’”郭沫若在《李白与杜甫·杜甫的阶级意识》一文中提道：“要大办春祭，祝今年的丰收。”

春祭的仪式庄严隆重，遵循古法有序进行：鸣炮、鼓乐齐鸣，整衣冠，击鼓，鸣金，净手；向五帝行一跪三叩礼；敬酒、敬茶、敬馔、敬饭、敬甜圆、敬五谷种、敬发粿、敬三牲等；接着，宣读祝文，读祷词，焚祝文；最后，向日月敬大吉、献元宝等。每一项议程都鼓乐齐奏，弦歌和鸣。参与者虔诚行礼，处处彰显端庄崇敬，希望在即将到来的一年里国泰民安、风调雨顺。

民间的春祭主要是扫墓祭祖。首先在祠堂举行隆重的祭祖仪式，杀猪、宰羊，请鼓手吹奏，由礼生念祭文，行三献礼。扫墓开始时，首先扫祭开基祖和远祖坟墓，全族和全村几百上千人都要出动，规模宏大。然后扫祭各房祖先坟墓，最后各家扫祭家庭私墓。

祭日

春分祭日 ○ 秋分祭月

古代还有春分祭日的习俗。《礼记》中就记载了周代春分祭日的习俗，书中说："祭日于坛，祭月于坎。"《帝京岁时纪胜》记载："考春分祭日，秋分祭月，乃国之大典，士民不得擅祀。"说明祭日祭月的活动还是国家大事，只有帝王将相才有资格参与。

日坛坐落在北京朝阳门外东南日坛路东，又叫朝日坛，始建于明嘉靖九年（公元 1503 年）。它是明、清两代皇帝祭祀大明神（太阳）的地方。祭日定在春分的卯刻，每逢甲、丙、戊、庚、壬年份，皇帝都要亲自祭祀，其余的年岁由官员代祭。

日坛被近似正方形的外墙围护，每次祭祀之前皇帝都要来到坛北门的具服殿休息，然后更衣到朝日坛行祭礼。朝日坛在整个建筑的南部，坐东朝西，这是因为太阳从东方升起，人要站在西方向东方行礼。坛为圆形，坛台一层，直径 33.3 米，周围砌有矮形围墙，东南北各有棂星门一座。西边为正门，有 3 座棂星门，以示区别。墙内正中用白石砌成一座方台，叫作"拜神坛"，高 1.89 米，周长 64 米。明朝建成时，坛面用红色琉璃砖砌成，以象征太阳，非常富有浪漫色彩，到清代却改用方砖铺墁。

祭日虽然比不上祭天与祭地典礼，但仪式也颇为隆重。明代皇帝祭日时，奠玉帛，礼三献，乐七奏，舞八佾，行三跪九拜大礼。清代皇帝祭日礼仪有迎神、奠玉帛、初献、亚献、终献、答福胙、车馔、送神、送燎等九项议程，也很隆重。

文艺范儿

当代的簪花礼已然回归到先秦时代象征女性、祝福未来、寄托爱情的起点上。

簪花礼

戴花 ◎ 美好

簪花就是头上戴花，可以戴鲜花，也可以戴绢花。在春分这一日，古人浪漫的情怀就体现在簪花上，迎合着春日百花开的美好景象。

在古代，戴花不仅是女性的专利，男子也有簪花的习俗。如唐宋时期，男子日常簪花随处可见，所谓“春风得意马蹄疾，一日看尽长安花”。

唐代皇室为新科进士举行“曲江宴”，簪花礼是重要环节，使“簪花之人”成了“少年才俊”和“成功人士”的代名词。

宋代继承了对簪花的热爱，在为新科进士庆贺的“闻喜宴”上，皇帝要亲自为进士行簪花礼。杨万里曾这样描述宋皇室簪花宴会的热闹情景：“春色何须羯鼓催，君王元日领春回。牡丹芍药蔷薇朵，都向千官帽上开。”

不仅贵族和文人爱簪花，平民和武将也会瞅准机会过把簪花瘾，就连水泊梁山的粗糙老爷们儿也不例外，小旋风柴进簪花入禁院，短命二郎阮小五簪石榴花，病关索杨雄簪芙蓉花，浪子燕青簪四季花……更有甚者，刽子手蔡庆爱簪花爱到了痴迷的程度，头不离花，花不离头，人送绰号“一枝花”。

当代的簪花礼已然回归到先秦时代象征女性、祝福未来、寄托爱情的起点上。透过庆贺的花篮、求婚的花束以及英模胸前荣耀的大红绸花，我们依稀还能看到盛唐簪花让人怦然心动的背影。

小燕子

春天◎信使

小燕子

（儿童歌曲）

小燕子 穿花衣
年年春天到这里
我问燕子你为啥来
燕子说　这里的春天最美丽
小燕子 告诉你
今年这里更美丽
我们盖起了大工厂
装上了新机器
欢迎你长期住在这里

古代，人们以四种鸟定四时：玄鸟定分（春分秋分），赵伯定至（夏至冬至），青鸟定启（立春立夏），丹鸟定闭（立秋立冬）。玄鸟就是燕子，有着春分飞来、秋分飞走的习性，“燕来不过三月三，燕走不过九月九”。燕子成双成对，出入于百姓人家的屋檐下，尽管每年会经历一次万水千山的迁徙，来年也总能找到故乡和家。风清月朗的夜晚，燕子以极快的速度飞行，白天则在地面休息觅食。“旧时王谢堂前燕，飞入寻常百姓家”“无可奈何花落去，似曾相识燕归来”，燕子在古诗词中经常出现，或惜春伤秋，或渲染离愁。燕子是春天的信使，然后在秋天与人别离。

话说三月三

04

三月三是一个纪念黄帝的节日。相传三月三是黄帝的诞辰，中国自古有“二月二，龙抬头；三月三，生轩辕”的说法。

农历三月初三，古人称之为“上巳节”，又叫“元巳”，作为节日特指农历三月上旬的巳日。

古时以三月第一个巳日为“上巳”。《后汉书·礼仪志上》中记载：“是月上巳，官民皆洁于东流水上，曰洗濯祓除、去宿垢疢，为大洁。”后又增加了临水宴宾、踏青的内容。晚上，家家户户在自己家里每个房间放鞭炮炸鬼——传说这天鬼魂到处出没。

三月三是一个纪念黄帝的节日。相传三月三是黄帝的诞辰，中国自古有“二月二，龙抬头；三月三，生轩辕”的说法。

农历三月三，还是传说中王母娘娘开蟠桃会的日子。晚清《都门杂咏》里有一首七言诗是这样描写当年庙会之盛况的：“三月初三春正长，蟠桃宫里看烧香。沿河一带风微起，十丈红尘匝地扬。”

三月初三也是道教真武大帝的寿诞。各地的道教宫观在三月三日这一天都要举行盛大的法会，道教信徒们也会在这一天到宫观中烧香祈福，或在家里诵经祈祷。

生活气息

三月上巳，宜往水边饮酒燕乐，以辟不祥，修禊事也。

上巳祓禊

祓禊◎踏青

洛阳乃千年帝都，每一个角落都深藏着传统文化。相传，周公率领能工巧匠，费尽移山之力营建洛邑。洛邑建成之后，他登上邙山，看见城中街巷井然，又见洛水蜿蜒，绕城东去，内心十分喜悦。他下令文武百官到洛水边集结，要举行庆祝活动。于是根据殷人旧习，在春阳初上、寒气未尽、乍暖还寒、容易得病之时，他让大家到洛水边举行“祓禊”活动，以防治疾病，祈望健康。

祓禊，就是指人们结伴去水边沐浴。阳春三月，风和日丽，气暖水温，人们以草药熏汤沐浴，不仅除去了整个冬天所积存的污秽尘垢，也有利于预防和抵抗春天流行的疾病。通过沐浴洁身，人们神清气爽，容光焕发，为节日期间的祭祀和男女相会做准备。最早是由女巫领着大家，来到郊外的水边。在举行祓禊仪式时，男女皆手持、身佩兰草，周身散发异香。男子彬彬有礼地来到女子面前，把采摘的花朵赠给自己喜欢的女子。女子则面带喜色地接受馈赠，并表示感谢。此等举止，不仅优雅，还很浪漫。兰草清新幽雅，古人用它象征爱情，类似今人用玫瑰表达爱意。

《云笈七签》中记载：“三月上巳，宜往水边饮酒燕乐，以辟不祥，修禊事也。”这提到了上巳节水边祓除的修禊习俗。三月初三与七月十四分别是春禊、秋禊的日子，后发展为在曲水边以兰草求神灵祓除不祥。古代文人将这个习俗赋予诗意，便有了“曲水流觞”的雅集。

三月三修禊日，因宜水边，也成为踏青的日子。文人更擅长于将踏青加入一些浪漫的元素。“无奈芳心滴碎，阻游人、踏青携手。檐头线断，空中丝乱，才晴却又。帘幕闲垂处，轻风送、一番寒峭。正留君不住，潇潇更下黄昏后。”

三月三蛇出洞，九月九蛇归洞。

防蛇

惊蛰○习俗

湖南民间有“三月三蛇出洞，九月九蛇归洞”的民谚。农历三月三是蛇出洞的日子，人们便有三月三开始防蛇的习俗。

这个习俗源于一个传说。古时，有两条毒蛇精，经常出来害人。玉皇大帝得知后，于三月三日派神仙下凡斩蛇精，蛇精躲在磨眼里，神仙顺手拿起一个糯米粑粑塞住磨眼，将蛇精堵住。所以三月三成了防蛇的好时节。这种风俗在湖南张家界的土家族尤为盛传。

地菜煮鸡蛋

荠菜 ◎ 鸡蛋

对于不关注农历的我来说，每年三月三的到来，是菜市场的地菜“告诉”我的。到了三月三前几日，菜市场的进出口、路边小摊，到处都是卖一捆一捆地菜的。

地菜又叫荠菜，虽是野菜，但营养丰富，含有大量的胡萝卜素、B 族维生素和维生素 C，而且钙、铁的含量也比较高，具有清热止血、清肝明目、利尿消肿之功效。民间有“阳春三月三，荠菜赛灵丹”“春食荠菜赛仙丹”的说法，由此可见荠菜煮鸡蛋的药用功效。

三月三，近清明，桃红柳绿正当春。此时正是江南大地挖荠菜的好时候。所以南方也说三月三是“荠菜花的生日”。妇女们衣着光鲜，挽着小篮，一边挖荠菜，一边唱山歌，兴致所至，顺手在鬓间插上一朵荠菜花。明代田汝成在《西湖游览志》中记载了这种风俗：“三月三日，男女皆戴荠菜花，谚云‘三春戴荠花，桃李羞繁华’。”这倒是一时的风景。

地菜在古代文学中的“上镜率”是很高的。《诗经》就对地菜有“其甘如荠”的吟咏；辛弃疾也有“城中桃李愁风雨，春在溪头荠菜花”的诗句。清朝叶调元的《汉口竹枝词》：“三三令节重厨房，口味新调又一桩。地米菜和鸡蛋煮，十分耐饱十分香。”词中的地米菜即指荠菜。

“三月三，地菜煮鸡蛋”是湖南乃至整个江南地区的风俗。三月三前后一周，都可享用地菜煮鸡蛋。地菜煮鸡蛋可以祛风湿、清火，而且还可预防春瘟，即一些流行性疾病，如流行感冒、流脑等。

荠菜作为一种野菜，当然也是能端上饭桌的，荠菜烧豆腐就是一道好菜。放一点肉丝，放一点麻油，烧成的荠菜肉丝豆腐羹，又叫“东坡羹”，是可以上大酒席的美味佳肴。

地菜煮鸡蛋的做法：

1. 地菜、红枣、枸杞、桂圆肉清洗干净。

2. 将地菜、红枣、枸杞、桂圆肉、冰糖放入汤罐中。

3. 往汤罐中加满清水，加约一克盐。

4. 将鸡蛋煮熟剥壳。

5. 将剥了壳的熟鸡蛋放入汤罐，中火煮开，中小火煲 20 分钟，关火。

6. 放置一夜，让鸡蛋经浸泡充分入味，第二天煲热即可食用。

今年三月三的地菜煮鸡蛋，是妹妹煮好了给我送过来的。两岁的儿子挑着红枣和桂圆肉吃了，鸡蛋一个没吃。

文艺范儿

三月初三，文人最浪漫的过节方式是曲水流觞。

曲水流觞三月三

浪漫○情怀

三月三这样一个与水有关的节日，自然有着无尽的诗意和浪漫。杜甫在《丽人行》中写道："三月三日天气新，长安水边多丽人。态浓意远淑且真，肌理细腻骨肉匀。"结伴来到水边沐浴，展示美丽的身姿，这是古代女人们庆祝三月三的浪漫方式。她们肌肤细腻，身材匀称，成为春日的独特风景。

三月初三，文人最浪漫的过节方式是曲水流觞。周公建成洛邑，在沿袭前人祓禊活动的基础上，开曲水流觞之先河。找一处河道蜿蜒、河水清浅且流速缓慢的地方，觞中盛酒，使之漂浮于水上，顺流而下。大家随捞随饮，十分畅快。为了增添酒兴，文人墨客们更是发明了新的娱乐方法，即酒杯停在谁的面前，谁就要饮酒赋诗。

曲水流觞最有名的，当属王羲之等人的兰亭修禊。相传绍兴西南有一座兰渚山，越王勾践曾在山麓广植兰花，后人在此建亭，名曰"兰亭"。"永和九年，岁在癸丑，暮春之初，会于会稽山阴之兰亭，修禊事也……引以为流觞曲水，列坐其次，虽无丝竹管弦之盛，一觞一咏，亦足以畅叙幽情……"东晋永和九年三月初三上巳节，天气晴和，王羲之和孙统、孙绰、谢安等 41 位名士，在这个修禊日相邀宴集。大家列坐于曲水两侧，酒杯轻漂，停在谁面前，谁就要即兴赋诗，否则罚酒三杯。这次聚会，名士们现场吟诗 37 首。王羲之为这些诗作《兰亭集序》。茂林修竹，流水潺潺，惠风和畅，酒兴正酣，文士们写出来的文章极其优美，王羲之的书法也很美，因而此次聚会成为风流千古的佳话。

此后，文人雅士们仿效兰亭修禊，往往会在园林中建一个流杯亭，在亭子中石板地面上凿出弯弯曲曲的沟槽并注满水。参加宴会的人坐在石渠两侧，让盛满酒的木制酒杯或青瓷羽觞随意漂流，心情舒畅，酒诗俱好。

壮族——三月三歌圩

歌会◎传情

三月三歌圩是壮族人民的盛大节日，是壮族最古老的情人节，古代壮乡的少男少女在这一天赶歌坡，抛绣球，“山歌传情，绣球传爱”。

三月三是中国多民族的传统节日，其中以壮族为典型。三月三歌圩是壮族人民的盛大节日，是壮族最古老的情人节，古代壮乡的少男少女在这一天赶歌坡，抛绣球，“山歌传情，绣球传爱”。

歌圩是壮族人民在特定的时间、地点举行的节日性聚会，如正月十五、三月三、四月八、八月十五等歌圩，其中三月三的最为隆重。在壮语中，歌圩有“出田垌之歌”“山岩洞之歌”“坡圩”“垌市”等名称，也有称是为纪念刘三姐，因此也叫“歌仙会”。歌圩多在农闲或春节、中秋等节日于山林坡地举行。届时，男女老少盛装赴会，少则数百人，多则上万人，通常以青年男女对唱山歌为主。

一提到三月三，人们就会联想到“中国广西”。广西的壮族人民，每年农历三月初三这一天，家家户户都煮红、黄、黑、紫、白五色米饭，煞是好看。人们在门楣上和房屋周围插上一枝枝枫树叶，在村头寨尾搭起布棚，男女老少围着布棚唱歌。大人还把染色的熟鸡蛋装在小网兜里，挂在小孩的胸前。男女青年在赶歌圩时，还要“碰蛋”。

抛绣球

抛绣球是壮族最为流行的传统体育项目之一。如果说抢花炮是男人们的项目，那么抛绣球则是女人们的专利了。在歌圩节上抛绣球，也逐渐发展成为固定的程式。

绣球最早是古代的一种兵器，它的历史可追溯到两千多年前，最早记载于花山壁画上，当时在狩猎和战争中用于甩投的是青铜铸造的“飞砣”。后来这种兵器逐渐演化成生活中的绣花布囊即绣球，供人们在茶余饭后互相抛接以锻炼身体，娱乐身心。

到了宋代，抛绣球逐渐演变成男女青年表达爱意的方式，其盛况如日中天。宋代诗人朱辅在《溪蛮丛笑》中记载：“土俗，岁节数日，野外男女分两朋，各以五色彩囊、豆粟往来抛接，名‘飞紽’。”用古兵器“飞砣”命名的五色彩囊，便是绣球了。宋人周去非在《岭外代答》中的记述更为明显：“上巳日，男女聚会，各为行列，以五色结为球，歌而抛之，谓之飞驼。男女目成，则女受驼而男婚已定。”

绣球是姑娘们手工做成的，以圆形最为常见，也有椭圆形、方形、菱形等。绣球如拳头大小，以棉花籽、谷粟、谷壳等充实，上下两端分别系有彩带和红坠。由于绣球精致轻巧，特别适合女孩子们抛来掷去，而且精美的绣球体现出女儿家的心灵手巧和心思情意，所以逐渐成为男女青年表达爱意的信物。

传说靖西旧州古镇，贫穷人家的儿子阿弟爱上了邻村的姑娘阿秀。阿秀在一次赶圩时，被镇上一个恶少看上了，誓要娶她为妻。阿秀以死相胁，誓死不从。恶少贿赂官府，将阿弟关进地牢并判了死刑，等待秋后问斩。阿秀哭瞎了双眼后，开始为阿弟缝制绣球。针扎破了手，血流在了绣球上。经过九九八十一天，一个精美绝伦的绣球做好了。

阿秀用变卖了首饰换来的钱和家中的积蓄买通了狱卒，见到了已被折磨得骨瘦如柴的阿弟。阿秀从身上取出绣球戴在了阿弟的脖子上。这时，奇迹出现了，只见灵光一闪，阿秀、阿弟和家人便不见了，等醒来时，已躺在远方一处美丽富饶的山脚下。后来，阿秀和阿弟结婚了，生了一儿一女，靠着自己勤劳的双手，过上了幸福的生活。这就是绣球的由来。

这个美丽的爱情故事广为流传，慢慢地绣球就成了壮乡人民的吉祥物，壮乡青年男女爱情的信物，后来也就有了抛绣球、狮子滚绣球等民间活动。用来传情达意、娱乐身心、竞技强身的绣球，由于颇具民族性、趣味性、和简易性，在世界各地广为流行。

据了解，现在东南亚的越南、缅甸、泰国和北美洲墨西哥的部分地区，当地的人民也有制作绣球、将绣球作为吉祥物馈赠亲朋好友的风俗。墨西哥人制作的绣球比较小，颜色鲜艳，通常只有六瓣。每逢佳节或贵宾来临，好客的墨西哥人就会给客人或长辈馈赠绣球，代表吉祥如意。泰国当地的居民将绣球视为佛的替身，认为经常佩带有驱邪健体的功效。

从现在的很多文学影视作品中，我们不难发现，古代中国的很多地方，当姑娘到了婚嫁的年龄还没有找到婆家时，家里长辈就会预定于某一天，这一天一般是正月十五或八月十五，让求婚者集中在绣楼之下，姑娘抛出一个绣球，谁得到这个绣球，谁就可以成为这个姑娘的丈夫。当然，姑娘一般会看准意中人，把绣球抛到他身上，以便他抢到。某天我随便一瞥，电视上正播放的《薛平贵与王宝钏》就有这样的桥段。还有很多地方，抬新娘的花轿轿顶上要结一个绣球，象征吉庆瑞祥。

歌圩节的绣球是姑娘们在节前赶制的丝织工艺品，工艺精巧，玲珑精致：十二片花瓣连成一个圆球形，每一片花瓣代表着一年中的某个月份，上面绣有当月的花卉。有些绣球做成方形、多角形等。绣球内装豆粟或棉花籽。球上连着一条绸带，下坠丝穗和装饰的珠子，象征着纯洁的爱情。

壮族的抛绣球一般在歌圩节的对歌活动后进行。在歌圩中男女青年互相对歌，对歌有问有答，丝丝入扣，声音此起彼落，娓娓动听。姑娘们情不自禁地拿起手中精致的绣球，向意中人抛去；小伙子眼疾手快，准确无误地接住绣球，将它欣赏一番后，又向姑娘抛回去。经过数次往返抛接，如果小伙子看上哪一位姑娘，就在绣球上系上自己的小礼物（例如银首饰或钱袋），抛回馈赠给女方。馈赠的东西愈贵重说明小伙子对姑娘情意愈深。姑娘接住小伙子的礼物时，若收下，就说明她接受了小伙子的追求。这时，两人或继续对歌表达情意，或相约到僻静处约会。

抛绣球的另一种民间形式是男女分为甲、乙两队，甲队选出两名歌手抛绣球至乙队并唱一首壮歌，乙队接到绣球后派两名歌手在最短的时间内将球送还甲方，并回歌一首，如此循环往复。参加“送球”“还球”的歌手一般都是“七步成诗”的民歌高手。另外还有一种形式就是在场地上立一高十米左右的木杆，杆顶钉有中间挖成圆洞的木板，男女分列两旁，将球投向圆洞，以穿洞而过者为胜。

话说寒食节

寒食节曾被称为“民间第一大祭日”。

05

寒食节留在我最初记忆中的是一句诗——“寒食东风御柳斜”，寒食前后，东风轻扫过天地万物，杨柳的枝条在风中轻摆。

寒食是中国古代一个传统节日，一般在冬至后一百零五天，清明前一两天，所以有的地方称之为“百五节”。《荆楚岁时记》记载：“去冬节一百五日，即有疾风甚雨，谓之寒食。”从前古人很重视这个节日，按照风俗家家户户在这一天禁止燃火，只吃现成食物或者节前准备好的冷食，故名“寒食”，又称“冷节”“禁烟节”。寒食节曾被称为“民间第一大祭日”。

后来因为寒食和清明离得较近，所以人们把寒食和清明合在一起，只过清明节。时至今日，清明的意象似乎只剩下纷纷细雨和祭扫青烟，历史曾赋予清明丰富的故事与意义，今日都渐渐被淡忘。若逐本溯源，寒食节则是必须要谈到的。

民间传说寒食是为了纪念春秋时的介子推被火焚于绵山，晋文公下令于子推被火焚之日禁火寒食，以寄哀思，后相沿成习。介子推是山西人，所以冷食习俗在山西首先流行。旧时寒食断火，次日宫中有钻木取新火的仪式，王公大臣可得到皇帝赏赐的燃烛，民间也多以柳条互相乞取新火。

唐《辇下岁时记》载：“清明日取榆柳之火以赐近臣。”其用意有二：一是标志着寒食节已结束，可以用火了；二是借此给臣子官吏们提个醒，让大家向有功也不受禄的介子推学习，勤政为民。

杜甫诗《清明二首》中说“旅雁上云归紫塞，家人钻火用青枫”，崔元翰的诗说“钻火见樵人，饮泉逢野兽”，都是描写的清明节的寒食习俗。寒食节逐渐退出历史舞台，其冷食禁火的节日习俗也让渡给清明节，只有在介子推长眠的绵山，寒食文化仍在传承。

蒸出来的面花栩栩如生，犹如艺术珍品，令人爱不释手，不舍得马上吃掉。

生活气息

子推馍

面花◎老馍馍

寒食节不准动烟火，人们只能吃冷食凉菜。节前蒸“子推馍”的习俗，在陕北的榆林和延安两地一直流传至今。

“子推馍”，又称“老馍馍”，其形状类似古代武将的头盔。里面包鸡蛋或红枣，上面有顶子。顶子四周贴面花。面花是面塑的小馍，形状有燕、虫、蛇、兔或文房四宝。圆形的“子推馍”是专给男人们享用的。已婚妇女吃条形的“梭子馍”，未婚姑娘则吃“抓髻馍”。孩子们可以吃有燕、蛇、兔、虎等面花的馍。“大老虎”的专给男孩子吃，也最受他们的欢迎。父母用杜梨树枝或细麻线将各种小面花串起来，吊在窑洞顶上或挂到窗框旁边，让孩子们慢慢享用。风干的面花，能保存到第二年的清明节。

做面花是陕北妇女的拿手好戏。她们用自己灵巧的双手将发了酵的白面捏成各种形状的面花。工具只是梳子、剪子、锥子、镊子等日用品，辅料则是红豆、黑豆、花椒子和食用色素。蒸出来的面花栩栩如生，犹如艺术珍品，令人爱不释手，不舍得马上吃掉。

“子推馍”和面花除了自己食用，还用来馈赠亲友。母亲要给当年出嫁的女儿送，称为送寒食。

06

话说泼水节

这天通常要举行泼水活动，以圣洁之水消灾免难，互祝平安幸福。

泼水节是傣族人一年中最盛大的节日，“在傣历六七月（清明节后十日左右）”（《辞海》）。节日期间，傣族同胞要举行热闹非凡的泼水、赛龙舟、放高升等活动。泼水活动是傣族人过年的高潮，也是傣历年中最精彩的场面，因而通常就称傣历年为泼水节。

泼水节历时三日：第一天为“麦日”，类似于农历除夕，意思是送旧。此时人们要收拾房屋，打扫卫生，准备年饭和节日期间的各种娱乐活动。第二天称为“恼日”，“恼”意为“空”，按习惯这一日既不属前一年，亦不属后一年，故为“空日”，这天通常要举行泼水活动，以圣洁之水消灾免难，互祝平安幸福。第三天，是傣历的元旦，傣语叫“麦帕雅晚玛”，据说是麦帕雅晚玛的英灵带着新历返回人间之日，人们习惯将这一天视为“日子之王来临”。

泼水节来临，傣族人便忙着杀猪、杀鸡、酿酒，还要做许多“毫诺索”（年糕）以及各种糯米粑粑，在节日里食用。

泼水

文泼◎武泼

泼水是泼水节的高潮，也是人们最期待的娱乐活动。

泼水节是少女的节日，这一天，姑娘们都盘上粗粗的发辫，头上插着各种颜色的绢花或鲜花；窄袖的白纱上衣上别满了黄灿灿的镀金饰物，一边龙，一边凤，还有一些金花、金蝶、金葫芦；黑色的喇叭裤配黑色短围裙，垂下两根黑地彩绣的长飘带。

每个人都提着一只小木桶，塑料的或者白铁的，里面装着半桶清水，水里洒几滴香水或撒一些缅桂花的花瓣，让水有着淡淡的香味。然后到寺庙里去“赕佛”，再用这些带有芳香的水给佛像清洗身上的灰尘。

文泼是比较传统含蓄的方式，只用花枝蘸着水轻轻在别人的肩上掸两下。首先向德高或年长者身上轻轻洒去，再向自己想要祝福的人身上洒去，在新的一年，给对方最真诚、最美好的祝愿。

武泼则是粗放豪爽的，用木盆装满清水，把一整盆全部泼出去。在泼水节中谁被泼的水越多，象征着该年谁最幸福，也表达了傣族人民希望彼此平安幸福的寓意。

赛龙舟

鼓声◎锣声◎号子声

顿时整条江上，鼓声、锣声、号子声、喝彩声，此起彼伏、声声相应，节日的气氛在这时达到了高潮。

赛龙舟是泼水节精彩的项目之一，常常安排在泼水节的第三天——“麦帕雅晚玛”举行。那日，穿着节日盛装的群众欢聚在澜沧江畔、瑞丽江边，观看龙舟竞渡。江上停泊着披绿挂彩的龙船，船上坐着数十名精壮的水手，号令一响，整装待发的龙船像箭一般往前飞去，顿时整条江上，鼓声、锣声、号子声、喝彩声，此起彼伏、声声相应，节日的气氛在这时达到了高潮。

丢包

花包◎爱情

泼水节也是未婚青年男女寻觅爱情和幸福的美好节日。泼水节期间，傣族未婚青年男女喜欢玩“丢包”游戏。姑娘手中用花布精心制作的花包，是表示爱意的信物。“包”由姑娘用花布精心制成，内装棉籽，四角缀有五彩花穗。丢包那天，姑娘们极尽打扮之能事，打着花伞，提着小花包来到“包场”。在绿草如茵的草坪上男女各站一排，分列两边，相距三四十步，开始向对方丢花包。丢包时，先由姑娘将包掷给小伙，小伙再掷给姑娘。小伙子若是接不住姑娘丢来的花包，就得把事先准备好的鲜花插在姑娘的发髻上，姑娘若是接不着小伙子丢来的包，就得把鲜花插到小伙子的胸前，就这样在你来我往的过程中选中了对方，一段段浪漫的爱情故事就开始了。

放高升

璀璨◎烟花

放高升就是用整棵的大竹子，在竹节里装上火药，点燃以后把整个大竹子崩上天空百十丈，成为名副其实的“高升”。

高升是傣族人民自制的烟花，通常在夜晚燃放。将高升绑缚在高升架上，点燃引线使火药燃烧，便会产生强劲的推力，将竹子如火箭般推入高空。高升大的重数十斤、长七八米；小的重几两，长约一米。高升上装有竹笛，飞升时能发出响声。

高升架一般选择搭在寨边平坦的地方或江湖岸边宽敞之处。五六只高升绑成一排，点燃引信，高升既喷射出炽烈的浓烟，同时发出“吱！吱！吱！”的悠长呼啸声，腾空而起，最高可达五六百米，寨子与寨子之间常常是各制高升，相互比赛，看哪个寨子放得高、放得好，胜者更是狂呼猛舞，欢乐异常。高升放得最高者会受到人们的赞赏，并获得奖励。

话说谷雨

07

一候萍始生，二候鸣鸠拂其羽，三候为戴胜降于桑。

清明后过去十五日，就到了谷雨。天地间阳气上升，蒸腾为雨，刚过了“清明时节雨纷纷”，又到了谷雨时的“纱窗小阵梅黄雨”。

谷雨是二十四节气的第六个节气，时间为每年4月19、20或21日，以太阳到达黄经30度时为准。古人很早就有“雨生百谷”的说法，《通纬·孝经援神契》载：“清明后十五日，斗指辰，为谷雨，三月中，言雨生百谷清净明洁也。”《群芳谱》曰：“谷雨，谷得雨而生也。”

《月令七十二候集解》将谷雨分为三候：“一候萍始生，二候鸣鸠拂其羽，三候为戴胜降于桑。”鸟弄桐花，雨翻浮萍，雨其谷于水，布谷鸟便开始提醒人们播种了，田野里到处回荡着它“家家种谷”的殷切呼唤；桑树上开始见到戴胜鸟，蚕也要出来了。

谷雨是春季最后一个节气，为末春，至立夏就进入夏季了，此时“湖光迷翡翠，草色醉蜻蜓”，春天即将告别它精心装点的百花盛开的大地。古人惜春，作“送春诗”告别春天。如白居易就写了一首《春日闲居三首》来送别春天：“陶云爱吾庐，吾亦爱吾屋。屋中有琴书，聊以慰幽独。是时三月半，花落庭芜绿。舍上晨鸠鸣，窗间春睡足。”

谷雨节气，跟早春二月时的雨水节气，虽同有一个“雨”字，但在含义上有着很大的区别。雨水节气，不见雪花飞舞，静听春雨无声。而谷雨节气的名称，有着“雨生百谷”的美好希冀，农作物的生长都指望着这个节气时的降水。

香椿是明显带着家乡味的食品，每年春天，城里也会有售卖香椿的，可是总缺少一些泥土和露珠的芳香。

生活气息

香椿

鲜嫩 ◎ 醇香

谷雨前后是香椿上市的时节，这时的香椿鲜嫩丝滑，醇香爽口，有“雨前香椿嫩如丝”之说。香椿具有提高肌体免疫力，健胃、理气、止泻、润肤、抗菌、消炎、杀虫之功效。

早春的香椿头无丝，有浓郁的香味，尤其以山村农家小院中的那种野生头茬香椿芽为最佳。

我不怎么爱吃香椿，却比较喜欢攀香椿的过程。香椿怕晒，所以日出之前采摘最为适宜。此时的椿芽上沾有露水，芽体肥美鲜嫩，枝头的伤口愈合也快。在树下摆上一张高凳子或者倚靠着树干架一把梯子，用一根长长的竹竿绑上一把镰刀，瞄准紫红色的嫩芽，先一勾，再一绞，香椿头就掉在草丛中了。

香椿有很多吃法，最受欢迎的是香椿炒蛋、香椿拌豆腐。香椿是明显带着家乡味的食品，每年春天，城里也会有售卖香椿的，可是总缺少一些泥土和露珠的芳香。

文艺范儿

春天对于茶客来说是一年中最幸福的季节，各地春茶各具特色，或清新，或馥郁，伴随着每一口茶汤，舌尖追逐着晚春的脚步，心已醉。

雨前茶

清新◎馥郁

雨前茶也就是谷雨茶，是谷雨时节采制的春茶，又叫“二春茶”。所谓“二春茶”，是相较于“春尖茶”也就是我们所说的“头春茶”而言，凡清明前采摘的茶叫“头春茶”，也叫“明前茶”。

春季温度适中，雨量充沛，加上茶树经过冬季的休养生息，使得春梢芽叶肥硕，色泽翠绿，叶质柔软，富含多种维生素和氨基酸，故而春茶滋味鲜活，香气怡人。谷雨茶除了嫩芽外，还有一芽一嫩叶的或一芽两嫩叶的。一芽一嫩叶的茶叶泡在水里像古代枪头处展开旌旗的枪，被称为“旗枪”；一芽两嫩叶的则像一个雀类的舌头，被称为“雀舌”。谷雨茶与清明茶同为一年之中的佳品。一般雨前茶价格比较经济实惠，散在水中造型好，口感上也不比明前茶逊色，大多数茶客通常都更追捧谷雨茶。

真正的谷雨茶就是谷雨这天采的鲜茶叶做的干茶，而且要上午采的。传说谷雨这天的茶能养肝、清火、辟邪、明目等，还有的地方民间传说真正的谷雨茶能让死人复活，可见这真正的谷雨茶在人们心目中的分量有多高。茶农们那天采摘来做好的茶都是留起来自己喝或用作来招待客人。他们在泡茶给你喝的时候，会颇为炫耀地对客人说，“这是谷雨那天做的茶”。言下之意，只有贵客来了才会拿出来给你喝。

春天对于茶客来说是一年中最幸福的季节，各地春茶各具特色，或清新，或馥郁，伴随着每一口茶汤，舌尖追逐着晚春的脚步，心已醉。

谷雨花

牡丹○花会

谷雨花就是被誉为“花中之王”的牡丹。牡丹花别称“木芍药”“百雨金”“洛阳花”。牡丹花的花期是每年春末夏初、谷雨前后，花期较短，因而观赏牡丹要瞅准花期。“谷雨过三天，园里看牡丹。”山东菏泽、河南洛阳、四川彭州等地多于谷雨时节举行牡丹花会。

牡丹是我国特有的名贵花卉，自古被拥戴为花中之王、富贵之花，关于它的艺术作品浩如烟海。宋代周敦颐的《爱莲说》中说“牡丹，花之富贵者也”，宋代欧阳修的《洛阳牡丹记》中也说“天下真花独牡丹”。绘画作品中牡丹也是大朵大朵地盛放，寓意是花开富贵。

牡丹五彩缤纷，雍容华贵，坐拥国色天香的宝座。从花色上分，牡丹以八大色系著称，如白色的“夜光白”、蓝色的“蓝田玉”、红色的“火炼金丹”、墨紫色的“种生黑”、紫色的“首案红”、绿色的“豆绿”、粉色的“赵粉”、黄色的“姚黄”，还有花色奇特的“二乔”“娇容三变”等；另外在同一色中，深浅浓淡也各不相同。从香型上分，一般白色牡丹多香，紫色具烈香，黄、粉具清香，只要“嗅其香便知其花”了。

谷雨时节看牡丹，也有一个美丽浪漫的爱情故事。

相传唐代高宗年间，黄河决堤，千顷良田被滚滚黄河水淹没，无数军民溺死。有一个水性极好又心地善良的青年，名叫“谷雨”。他拼死救走老母亲与百姓们后，冒死拯救了滚滚洪水中的一朵牡丹花，并把这株牡丹栽到曹州赵大爷的后花园中好好护理。

转眼两年后的春天，谷雨的母亲得了重病，卧床不起。谷雨四处求医，但母亲病情仍不见好转。这天，一位非常美丽的红裙少女飘然进入草房，盯着谷雨微微一笑，将一服草药放在桌上，草房里顿时一阵清香。服下草药后，母亲顿时有了精神，浑身轻松，病去了大半。而少女看着憨厚的谷雨嫣然一笑，说了句“我明日再来”，便像一团火一样飘然而去。

一连三天，红裙少女都来送药，谷雨母亲的身体竟比病前还要硬朗，脸上的皱纹少了，头上的白发黑了，觉得身上有用不完的力气。谷雨也逐渐喜欢上了这个美丽的红裙少女，却再也没等到她登门。原来少女本叫“丹凤”，是洪水中谷雨救下的牡丹花化作的仙子。然而近日里丹凤的仇人大山头秃鹰得了重病，逼迫众花仙上山去酿造花蕊丹酒，取血为它医病。众花仙不愿意，大山头秃鹰便将花仙用绳捆住，一时间园中的牡丹都枯死了。

谷雨决定寻找大山头秃鹰的山洞，手刃秃鹰，救出众花仙。谷雨寻到秃鹰的山洞后，发现秃鹰由于饮用了过量的花蕊丹酒，伤了自己的身体，在头重脚轻的状态之下不敌谷雨。谷雨用斧子打败秃鹰后，将丹凤和众花仙救出山洞。就在丹凤手拉谷雨与众花仙正要出洞时，一支飞剑刺来，穿透了谷雨的心。他大叫一声，倒在血泊之中！原来秃鹰并没咽气，它见谷雨欲走，从背后下了毒手。丹凤抱起谷雨的尸体，泣不成声。

谷雨死了。他生在谷雨，死在谷雨，遇难时年仅二十一岁，谷雨被埋葬在赵大爷的百花园中。从此，牡丹和众花仙都在曹州安了家，每逢谷雨时节，牡丹就要开放，表示她们对谷雨的怀念。

话说立夏

夏因此宽纵万物，放任自由，这样才能使其不顾一切地生长，而令其长大是为了秋天的整肃，整肃才有收成。

08

每年的公历5月5、6或7日是立夏，立夏是农历二十四节气中的第七个节气，是炎炎夏日的第一个节气，标志着孟夏时节的正式开始。古语有云："斗指东南，维为立夏，万物至此皆长大，故名立夏也。"夏因此宽纵万物，放任自由，这样才能使其不顾一切地生长，而令其长大是为了秋天的整肃，整肃才有收成。

用天文学的知识来解读，立夏这天，太阳运行到黄经45度，北斗七星的斗柄指向巳的位置，也就是东南方向。这个阶段一般已进入农历四月，又叫"巳月""初夏""孟夏"。此时，春天正在袅袅远去，夏天步履匆匆地来到。气温明显升高，雷雨增多，农作物进入生长旺季。

《月令七十二候集解》中说："四月节。立字解见春。夏，假也。物至此时皆假大也。"《说文解字》中说"夏"通"假"，有"大"的意思。

立夏有三候，描述的就是孟夏之初的物候景象。初候蝼蝈鸣。天气回暖，蝼蝈开始在田间觅食鸣叫。二候蚯蚓出。蚯蚓按捺不住躁动的心，钻出地面呼吸新鲜的空气。三候王瓜生。王瓜又名土瓜，"瓜似雹子，熟则色赤，鸦喜食之，故称'老鸦瓜'"。这时候王瓜的藤蔓开始日日攀长。

这时夏收作物进入生长后期，冬小麦扬花灌浆，油菜接近成熟，夏收作物年景基本定局，故农谚有"立夏看夏"之说。水稻栽插以及其他春播作物的管理也进入了大忙季节。

古人说，立夏开始刮的东南风是清和之风。白居易有诗云："清和四月初，树木正华滋。风清新叶影，鸟恋残花枝。"东南风也称"熏风"，即温和的风。天再热，就开始刮南风了，古人称南风为"凯风"，如"凯风因时来，回飙开我襟"。"凯风"的"凯"字有着克服暑热的前提。

生活气息

“无可奈何春去也，且将樱笋饯春归。”

我国古来很重视立夏节气。在民间，立夏日人们喝冷饮来消暑。江南水乡有烹食嫩蚕豆的习俗。有的地方还有立夏日称人的趣味游戏。

迎夏仪式

赐冰○惜春

立夏是古代按照农事划分的四季中的夏季的开端，春天播种的植物，经过除草、耘田等农事活动，到这个时节就开始直立长大了，因而农耕时代起古人就十分重视立夏。

《礼记·月令》中记载："立夏之日，天子亲帅三公、九卿、大夫以迎夏于南郊。还反，行赏，封诸侯。"君臣一律穿朱色礼服，配朱色玉佩，连马匹、车旗都要装饰成朱红色，以表达对丰收的祈求和美好的愿望。到了宋代，礼仪流程更加繁复琐碎。宫廷里还要赐冰、赐茶，"立夏日启冰，赐文武大臣"。冰是上年冬天贮藏的，由皇帝赐给百官。

江浙一带，人们因大好的明媚春光过去了，未免有惜春的伤感，故备酒食为欢，好像送人远去，名为"饯春"。崔骃在赋里说"迎夏之首，末春之垂。"吴藕汀《立夏》诗也说："无可奈何春去也，且将樱笋饯春归。"

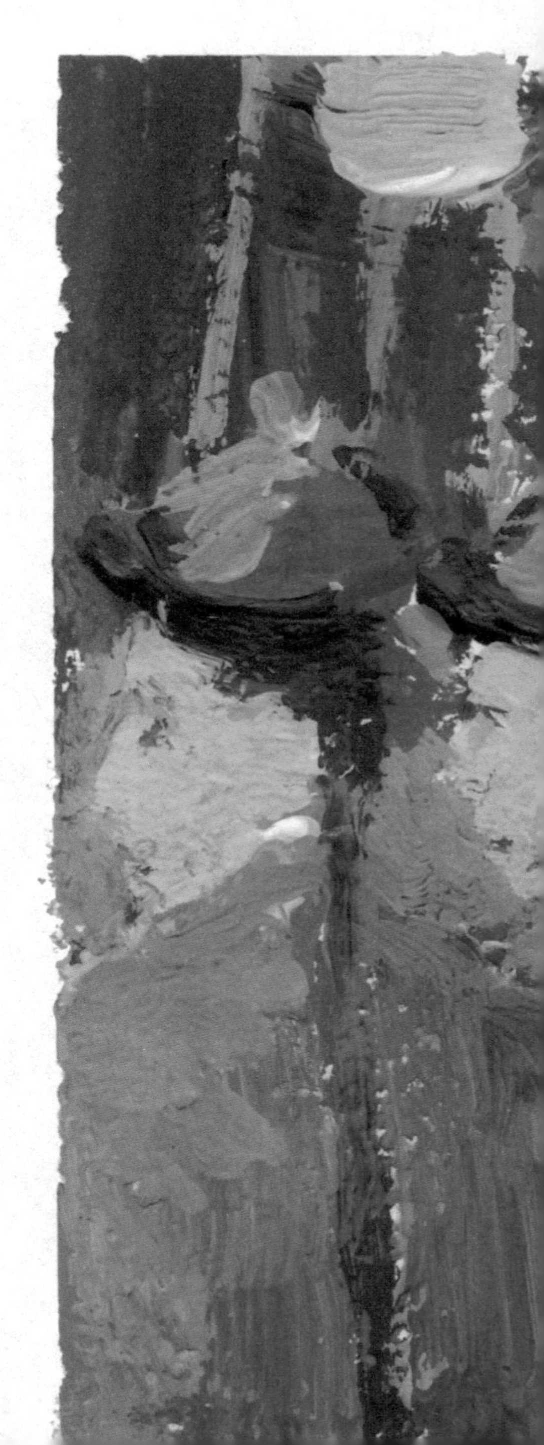

尝三鲜

尝新○时令

春夏之交，有些植物经过了一段时间的生长，已经可以向人们奉献出自己的果实了，所以立夏有“尝新”之说。

春夏之交，有些植物经过了一段时间的生长，已经可以向人们奉献出自己的果实了，所以立夏有“尝新”之说，这是江南地区的习俗。古时立夏之日，天子亲率公卿大夫在都城南郊举行迎夏之礼，以生肉、鲜果、五谷与茗茶祭祀古帝。此习俗流衍至民间，便有立夏尝新之举，后来慢慢发展成立夏尝三鲜，又称为“吃三鲜”或“见三新”。

苏浙地区就盛行“立夏见三新”之俗，“三新”为樱桃、青梅与新麦。樱桃甜，青梅酸，新麦清香。立夏到来，樱桃是省不了的。农历四月正是吃樱桃的季节，“叠叠春风生碧柳，盈盈效颦绽朱樱”。韦庄的“西园夜雨红樱熟”、苏东坡的“樱桃烂熟滴阶红”，都是很美的意境。此时麦尚未成熟，所谓尝新麦是取青麦穗煮熟，去芒，磨成条，称为“捻转”，为一岁五谷新味之始。也有将青麦炒熟，用糖拌的，称“凉炒面”。

江南各地的“三鲜”各有不同，一般分别为“地、水、树”三路。地三鲜在苋菜、蚕豆、蒜苗、元麦稞、黄瓜中间选择。水三鲜多为鲥鱼、河虾、螺蛳、河豚、刀鱼等河鲜。树三鲜则是枇杷、樱桃、杨梅、杏子、香椿头等。各地的“三鲜”自由搭配，各有特色。

如今樱桃走进寻常百姓家，而鲥鱼等几乎绝迹。因此，对于新版“三鲜”，各人大可发挥想象，挑选新鲜的时令食物搭配。

立夏吃乌米饭

可口◎米饭

立夏日吃乌米饭，据说可以祛风解毒，夏天不容易中暑，而且可以避免蚊虫叮咬。

在浙江、江苏和江西等地，立夏还有吃乌米饭的风俗。此风俗由来已久，唐代时乌米饭叫“青精饭”，是道家求长生不死的食品。杜甫《赠李白》诗曰：“岂无青精饭，使我颜色好。苦乏大药资，山林迹如扫。”清朝诗人屈大均也有“社日家家南烛饭，青精遗法在苏罗”的诗句。苏罗指苏浮山。乾隆年间《本草纲目拾遗》载有“王圣俞云：乌饭草乃南烛，今山人寒食挑入市，卖与人家染乌饭者是也”。

乌米饭是紫黑色的糯米饭。采集野生植物乌饭树的叶子煮汤，用此汤浸泡糯米半日，然后将糯米蒸熟，便是油亮清香、糯而不腻的乌米饭了。立夏日吃乌米饭，据说可以祛风解毒，夏天不容易中暑，而且可以避免蚊虫叮咬。

立夏吃乌米饭，还有一个美丽的传说。目莲的母亲在十八层地狱饿鬼道受苦受难，目莲修行得道后，费尽周折，求得恩准，去地狱看望母亲，但每次备下的饭菜都被沿途的饿鬼狱卒抢吃一空。目莲为了让挨饿的母亲吃上饱饭，百思不得其法，为此，经常在山上徘徊。

农历四月初八那天，目莲随手摘下身边矮树上的叶子，放入嘴中咀嚼，发现这种树叶虽然汁液乌黑，却是香润可口。目莲眼前一亮，如果用这种树叶汁浸米，烧成乌黑的米饭给母亲送去，大概狱卒再没有抢吃的欲望了吧！于是目莲就将采摘的树叶拿回家捣碎，用叶汁浸米，蒸煮成乌黑的米饭给母亲送去。果然，饿鬼狱卒们不再争抢，而母亲也总算吃上了饱饭。目莲也最终救母脱离饿鬼道，此为后话。

人们在村口的大榕树或堂屋的屋梁上挂起一杆大木秤，秤钩悬一个凳子，双手拉住秤钩，两足悬空，大家轮流坐到凳子上面称重。

文艺范儿

立夏“称人”

木秤◎箩筐

立夏吃罢中饭，还有称人的习俗。人们在村口的大榕树或堂屋的屋梁上挂起一杆大木秤，秤钩悬一个凳子，双手拉住秤钩，两足悬空，大家轮流坐到凳子上面称重。孩童坐在箩筐内或四脚朝天的凳子上，吊在秤钩上称体重。司秤人一面打秤花，一面讲着吉利话。称老人要说“秤花八十七，活到九十一”，称姑娘说“一百零五斤，员外人家找上门。勿肯勿肯偏勿肯，状元公子有缘分”，称小孩则说“秤花一打二十三，小官人长大会出山。七品县官勿犯难，三公九卿也好攀”。打秤花只能里打出（即从小数打到大数），不能外打里。

立夏称人还有一个传说。据说孟获被诸葛亮收服，归顺蜀国之后，对诸葛亮言听计从。诸葛亮临终嘱托孟获每年要来看望蜀主一次。诸葛亮嘱托之日，正好是这年立夏，孟获当即去拜阿斗。从此以后，每年夏日，孟获都依诺来蜀拜望。过了数年，晋武帝司马炎灭掉蜀国，掳走阿斗。而孟获不忘丞相嘱托，每年立夏带兵去洛阳看望阿斗，每次去都要称阿斗的重量，以验证阿斗是否被晋武帝亏待。他扬言如果亏待阿斗，就要起兵反晋。晋武帝为了迁就孟获，就在每年立夏这天，用糯米加豌豆煮成中饭给阿斗吃。阿斗见豌豆糯米饭又糯又香，就加倍吃下。孟获进城称人，每次都比上年重几斤。阿斗虽然没有什么本领，但有孟获立夏称人之举，晋武帝也不敢欺侮他，日子也过得清静安乐，福寿双全。这一传说，虽与史实有异，但百姓希望的是有“清静安乐，福寿双全”的太平世界。立夏称人会给阿斗带来福气，因此人们也祈求上苍给他们带来好运。

立夏“悬以大秤”称人，看看酷夏来临之前体重几何。等到立秋再称一次，看经过三月苦夏，瘦了几分。酷暑之下，大汗淋漓，当是最好的减肥季节，清代诗人蔡云曾写过这样一首《吴觎》：“风开绣阁扬罗衣，认是秋千戏却非。为挂量才上官秤，评量燕瘦与环肥。”看看，姑娘们都走出深闺，减肥的时尚从那个时候就风行了。是时，悬秤看来像是秋千，其中“燕”是赵飞燕，“环”是杨贵妃。

我对立夏称人的印象是，幼年每到立夏那天，身强力壮的五爷爷都要用大秤系个箩筐，让我们这些七八岁的小孩排成队，依次坐到箩筐里称，各人记住自己的斤数，待立秋时再称一次。对孩子们来说，体重增加了反而是好事，赶紧回家给妈妈去报喜，证明自己饭吃得好。其实称重的意义已经不大，重要的是很多人一起参与某一项习俗或者仪式所带来的庄重感和热闹氛围。

尾声 The End

雨水的雨，细若无声，静悄悄地，生怕惊扰了春姑娘的脚步。但是美好的春光还需要唤醒天地间的一切来应和，于是便有了惊蛰。惊蛰的一声雷鸣，各种冬眠的虫子纷纷被震醒。大部分地区开始春耕。在桃李花开的田间陇上，勤劳的农人翻开泥土，常常能见到各种蠕动的小虫。

春分是春半。春分是一年中最美的时节，此时阳光和煦，雨水适宜，一切都是欣欣向荣的势头。青梅如豆柳如眉，日长蝴蝶飞。春分昼夜平分，春日花开万枝，春夜缱绻多情。杏花先于桃李开，春色被唤醒，杏花烟雨因此是最美的春日意境。燕子春分时飞来，在天地间传递着春半的讯息。春分连接着繁春和盛夏，青葱和浅粉是它的基调，是青春韶华的无限风光。

早春的嫩蕊尚有未开放的，一夜之间却又是“杨花落尽子规啼”了。在春意融融之中，人们愈发感到生命的强大和珍贵，古人在清明节祭祖扫墓，就他们的内心来说，在这个盛大的人生宴会上，他们希望祖先的魂魄也是在场的。

杨柳风拂面而过，暖风熏醉了年轻人，此时的春最有味道。人们从祭扫的悲伤和哀戚中走出来，想借着野祭的机会踏青玩耍一番，不使自己辜负了这美好的韶光。所以，清明既是让人哭的，又让人泪中带笑。

疾疾春风，大地清明，纸鸢乘风，云外摇翼，正是踏青好时节。折柳戴柳，是要将春色留得更近一些。青团的淡香还留在唇齿之间，头戴一朵娇嫩的荠菜花回家了都忘记摘下来。

春水蜿蜒的季节，水边踏青是个不错的选择。三月三上巳节，就是一个水边的节日，古人们聚集在曲水边以兰草求神袚除不祥。文人们则赋予其超脱而不俗的诗意，便有了“曲水流觞”——杯随流水、吟诗饮酒。老百姓比较钟情于从质朴的生活中寻觅诗意，踏百草，采荠菜花，酿桃花酒，这是最贴近生活的浪漫。

清明时节雨纷纷。这个时候的雨，应该就是谷雨的前兆了。在春季的最后一个节气——谷雨，雨水充沛丰富起来，谷物和青菜比赛一样地疯长。清明和谷雨都属于四月天，虽然是天天好景，农人们却是无暇赏春的，因为桑树长出了翠绿的新叶，养蚕人家忙着喂饱蚕宝宝；种茶的人家则抢着采摘谷雨前的那道茶。过节，只能是忙里偷得一点闲，在晚春的景致中唏嘘感叹。

傣族儿女以一场豪爽酣畅的泼水仪式来迎接夏天。他们像过年一样，在春日里庆祝欢聚，感恩于自然的馈赠。他们跳舞、泼水，幸福的集体发声以放高升的形式在苍茫天地间轰鸣着。

“稻花香里说丰年，听取蛙声一片。”青蛙聒噪地唤醒大地，夏日就真正来临了，今年的收成好坏也在农人们的掌握之中了。开花结果，谷物丰收，这自然令农民喜笑颜开。丰年有赖于雨水，所以农谚说“立夏不下，犁耙高挂”。立夏要下就下泼泼洒洒的雷雨，及时而且适量的雷雨，能让冬小麦在小满节气结满丰腴盈满的籽。

春日的节气，多是伴着氤氲的空气和淡淡的青草花香的。人们结伴走向田野，采摘下带着露水和春气的香椿、荠菜、樱桃等，亲手做出带着绿意的春菜春饼，仿佛要将春天吃进身体里，让全身焕发出无限的生机。他们酿制桃花美酒，把春色吞咽下去，脸色酡红，任人面桃花绽放在春天里。他们随手摘下一朵桃花、杏花、荠菜花，插在帽檐或簪在鬓边。

几场雷雨过后，夏天就到了。古人是很重视夏季的，迎夏于南郊是古代的帝王风俗。孟夏百物滋，植物包括庄稼都在夏季继长增高。夏季的物资开始丰盈起来，各种瓜果蔬菜应有尽有，这是一个很容易纵容自己长胖的季节，所以立夏“称人”，有节制的享受才是适宜的。熏风万里，酷热袭来，三伏天很快就要来临。

春生夏长，这是大自然的法则。人们以各种各样的方式感受节气，享受节气，珍视节气，挽留节气，却也潇洒万分地走向新的节气和时光里。春天的风景固然好看，田地里的长势才是人们最关心的生活实际，经过了脚踏实地、顺应天时的耕耘，到酷热的夏日，人们就只需期待一场可以预见的丰收了。